高等教育“十四五”农林规划新形态教材

植物生理学实验

（第2版）

主　　编　刘　新　车永梅
副 主 编　柏素花　杨德翠　刘广超　叶青
编　　者　刘　新　车永梅　柏素花　杨德翠　刘广超　叶　青
　　　　　刘洪庆　赵方贵　马　倩　侯丽霞　张英昊　张艳萍
　　　　　王秀玲　张　伟　李海云　田　伟　王　峰　李　玲
视频编辑　袁振宁　薛寿鹏
视频解说　张艳萍

中国教育出版传媒集团
高等教育出版社·北京

内容简介

本教材根据植物生理学实验过程中涉及的主要环节和学生能力培养的需求，共分为5篇。第一篇为实验基本知识和技能，第二篇介绍常用的植物生理学实验方法，第三篇为综合性和研究性实验案例，第四篇为特色农业实验，第五篇为育人教学案例。附录介绍了常见培养基和缓冲液的配制以及生物学常用的数据库。配套数字课程的资源与实验体系一体化设计，包括教学课件、实验操作视频、实验结果彩图、思考题答题要点和参考文献等，有助于学生课前预习和课后复习，并掌握植物生理学实验方法在科学研究中的应用，以拓宽其视野与提升其科研能力。

本教材注重理论联系实际，着重加强学生规范操作、分析问题和解决问题能力的培养，可作为农林、生物类本科专业植物生理学实验教学的教材，也可作为本科生、研究生毕业设计及相关科研人员的参考书。

图书在版编目（CIP）数据

植物生理学实验 / 刘新，车永梅主编．--2版．
北京：高等教育出版社，2024.8（2025.2重印）．-- ISBN 978-7-04-062464-9

Ⅰ．Q945-33

中国国家版本馆CIP数据核字第2024HU4890号

Zhiwu Shenglixue Shiyan

策划编辑　赵晓玉　　责任编辑　赵晓玉　　封面设计　张志奇　　版式设计　范晓红
责任校对　陈　杨　　责任印制　耿　轩

出版发行	高等教育出版社	网　　址	http://www.hep.edu.cn
社　　址	北京市西城区德外大街4号		http://www.hep.com.cn
邮政编码	100120	网上订购	http://www.hepmall.com.cn
印　　刷	山东韵杰文化科技有限公司		http://www.hepmall.com
开　　本	850mm×1168mm　1/16		http://www.hepmall.cn
印　　张	10.25	版　　次	2018年2月第1版
字　　数	240千字		2024年8月第2版
购书热线	010-58581118	印　　次	2025年2月第2次印刷
咨询电话	400-810-0598	定　　价	24.00元

物 料 号　62464-00

新形态教材 · 数字课程（基础版）

植物生理学实验（第2版）

主编　刘　新　车永梅

登录方法：

1. 电脑访问 http://abooks.hep.com.cn/62464，或微信扫描下方二维码，打开新形态教材小程序。
2. 注册并登录，进入“个人中心”。
3. 刮开封底数字课程账号涂层，手动输入 20 位密码或通过小程序扫描二维码，完成防伪码绑定。
4. 绑定成功后，即可开始本数字课程的学习。

绑定后一年为数字课程使用有效期。如有使用问题，请点击页面下方的“答疑”按钮。

新形态教材网 Abooks　　关于我们 | 联系我们　　登录/注册

植物生理学实验（第2版）

刘　新　车永梅

开始学习　　收藏

植物生理学实验数字课程与纸质教材配套使用，是纸质教材的拓展和补充。数字课程内容与纸质教材对应，有教学课件、实验彩图、操作视频、思考题答题要点、育人案例、参考文献等，以方便教师教学和学生学习。

http://abooks.hep.com.cn/62464

第 2 版前言

植物生理学是研究植物生命活动规律和机制的一门实验科学，是生物科学类、植物生产类相关专业的核心专业基础课程，植物生理学实验是该课程重要的实践性教学环节。高校通过实验课程教学可使学生掌握植物生理学的基本测定方法和技术，培养学生的科学研究思维，提高学生分析问题和解决问题的能力，为今后其从事科学研究奠定基础。

《植物生理学实验》（第 2 版）根据课程特点、本科生能力培养要求及其在植物生产领域的应用，分为 5 篇。第一篇为实验基本知识和技能，目的是使学生系统学习和掌握实验材料的培养、采集、处理和保存，实验基本操作，实验记录与数据统计分析，实验报告和实验论文撰写的基本要求，以及实验室安全与防范的基本知识。第二篇围绕植物生理学的主要内容（包括水分生理、营养生理、光合作用、呼吸作用、次生物质代谢和逆境生理等）介绍常用的实验方法，使学生较全面地掌握重要的实验技术和原理。第三篇根据植物生理学的主要研究领域和学科前沿，设计了综合性和研究性实验案例，通过解析科研思路，引导学生综合运用所学的理论知识，依据实验目标，制订实验方案和技术路线等，培养学生的科研思维能力和素质。第四篇结合现代绿色农业发展需求，新增了苗木脱毒、作物无土栽培和果蔬储藏等特色农业实验。第五篇是围绕新时代农业创新人才培养目标，介绍了植物生理学相关领域的育人教学案例。此外，本教材附录中介绍了常见培养基和缓冲液的配制，生物学常用的数据库。本教材配套数字课程的资源与实验体系一体化设计，围绕新时代农业创新人才培养目标，介绍了植物生理学相关领域的育人教学案例，还包括教学课件、实验操作视频、实验结果彩图、拓展文献和相关应用视频等，有助于学生课前预习和课后复习，并掌握植物生理学实验方法在科学研究中的应用，以拓展其视野，提升其科研能力，感悟植物生理学及其实验技术在现代农业高质量发展中的支撑作用。

本教材注重理论联系实际和课程育人，着重加强学生规范操作、分析问题和解决问题能力的培养，引导学生关注课程知识和技术在农业生产、粮食安全、环境保护和乡村振兴等领域中的应用，既满足生物科学类、植物生产类相关本科专业植物生理学实验教学的需要，也可作为本科生和研究生毕业设计、相关科研人员科学研究及农技人员开展一线技术指导培训的参考书。

本教材由青岛农业大学的刘新、车永梅、柏素花、杨德翠、刘广超、叶青、刘洪庆、赵方贵、马倩、侯丽霞、张英昊、张艳萍和李玲，山东大学的张伟，山东农业大学的王秀玲，聊城大学的李海云，青岛农业大学海都学院的田伟，甘肃医学院的王峰负责编写完成。刘新和车永梅负责全书的审核。全部编写人员均具有多年从事植物生理学理论课程和实验课程教学及相关研究的实践经验，曾经多次编写此类教材。

鉴于编者的水平有限，加上植物生理学实验技术的发展日新月异，本书难免有不足之处，敬请读者和专家指正，以便今后补充修订。

编　者

2023 年 12 月

第 1 版前言

目 录

第一篇

实验基本知识和技能

第一章

实验材料的培养方法

一、溶液培养法

该法是指将植物生长所需的全部或部分元素按一定的比例和适宜的 pH 配成溶液，用来培养植物的方法。通过溶液培养，既可以探究植物在生长发育过程中的必需元素及其缺乏所引起的典型症状，又可以研究植物生命活动的生理和分子机制。

下面以玉米为例介绍利用溶液培养法培养植物的过程：

1. 种子处理

选取大小一致、饱满的种子，用 1 g/L $HgCl_2$ 溶液（也可用 20 g/L NaClO 溶液或 1 g/L $KMnO_4$ 溶液）消毒浸种 15 ~ 20 min，流动的自来水冲洗干净，再用温水浸泡至种子充分吸胀。

2. 种子催芽

取一个搪瓷盘，内放几层滤纸，用水浸湿，将吸胀的种子均匀摆放在滤纸上，盖上湿纱布保湿，盖上盖，置 25℃恒温培养箱中催芽。每天换水，2 ~ 3 d 后，根长 1 cm 左右即可插盘。

3. 幼苗培养

取一个塑料盆，内放一个篦子，盛水至与篦子平，将根长 1 cm 左右的玉米种子插在篦子的小孔内，置于光照充足的地方培养。一周左右，幼苗长出 2 ~ 3 片真叶。

4. 幼苗移栽

在培养瓶中加入适量的完全或缺素的培养液，挑选生长一致（株高、根长、叶片数基本相同）且健壮的植株，除去胚乳，将植株小心地穿过培养瓶瓶盖的小孔，用棉花固定，使根系浸入培养液中。将瓶盖用线绳固定好，放在阳光充足、温度（20 ~ 25℃）适宜的地方培养。

彩图 1-1 溶液培养法培养玉米幼苗

注意事项：

（1）选择合适的培养液。

（2）定期更换培养液。

（3）注意通气，以提供足够的 O_2，增强根系吸肥、吸水的能力。

二、培养基培养法

该法是指人工模拟动植物、微生物生长的营养环境，提供动植物细胞、微生物等生长增殖的物质基础进行培养的方法。培养基一般分为固体培养基、半固体培养基和液体培养基。下面以烟草为例介绍利用培养基培养法培养植株的过程。

1. 外植体的选择与消毒

以烟草叶片为外植体，将叶片取下后，先用自来水冲洗干净，然后用 1 g/L $HgCl_2$ 溶液消毒 8 min，在无菌条件下用无菌水冲洗 3 ~ 4 次，置于无菌培养皿中备用。

2. 初代培养

在无菌条件下将烟草叶片切割成 0.5 cm × 0.5 cm 的小块，每瓶培养基上接种 3 ~ 4 块。置于一定条件下（温度 25 ~ 28℃，光照 1 000 ~ 2 000 lx）培养，使叶片分化形成愈伤组织或芽。

3. 继代培养

将分化形成的芽，采用适当的继代培养基经多次切割进行转接和繁殖。

4. 生根培养

将形成的芽苗转移至生根培养基中进行生根培养。

5. 炼苗移栽

彩图 1-2 培养基法培养烟草幼苗

选择生长健壮的生根苗先在室内炼苗，待幼苗适应外部环境后，再移栽到疏松透气的基质中。

注意事项：

（1）需要选择生长状态良好的材料。

（2）选择合适的培养基。

（3）选择合适的培养条件，包括光照、温度、湿度等。

（4）需要在无菌条件下接种。

三、土壤培养法

利用土壤在盆内种植植物的方法称为土壤培养法，不同植物对土壤的要求不同。人工配制的含有丰富养料、具有良好排水和通气性能、能保水保肥、干燥时不龟裂、潮湿时不黏结、浇水后不结皮的土壤称为培养土或土壤培养基。该土壤培养基具有稳定的土壤团粒结构，保水性、保肥性、透气性俱佳，适合植物生长。

下面以蚕豆为例介绍利用土壤培养法培养植株的过程。

1. 种子的消毒

选取大小一致、饱满的蚕豆种子，用 1 g/L $HgCl_2$ 溶液（也可用 20 g/L NaClO 溶液或 1 g/L $KMnO_4$ 溶液）消毒浸种 15 ~ 20 min，再用自来水冲洗干净。

2. 种子的催芽

将消毒后的种子浸泡在盛有适量水的烧杯中，置于 25℃恒温培养箱中催芽，每天换水，

3 d左右，蚕豆即可发芽。

3. 移栽

将发芽的蚕豆，芽朝上插入土壤中，用一层薄土覆盖蚕豆种子。将花盆放在阳光充足、温度适宜的地方培养。

4. 出苗

3 ~ 4 d蚕豆芽即可钻出土壤，按时浇水使蚕豆苗茁壮成长。

彩图1-3 土壤培养法培养蚕豆幼苗

注意事项：

（1）挑选优质的种子，保证出芽率。

（2）选择合适的土壤，最好半土半沙。

【思考题】

1. 3种不同植物培养方法的优缺点是什么？

2. 选择不同培养方法的主要依据是什么？

（张英昊）

第二章

实验材料的采集、处理与保存

植物材料的采集、处理和保存是否恰当是完成植物生理学实验的重要环节之一。植物生理学实验使用的材料非常广泛，根据来源可划分为天然的植物材料（如植物幼苗，根、茎、叶、花等器官或组织等）和人工培养、选育的植物材料（如杂交种、诱导突变种、植物组织培养突变型细胞、愈伤组织等）两大类；按其水分状况和生理状态可划分为新鲜植物材料（新鲜的植物根、茎、叶、芽、花和果实等）和干材料（烘干的植物器官组织等）两大类。因实验目的和条件不同，而加以选择。

一、植物材料的采集

实验结果的准确性，在很大程度上取决于材料的选取是否具有代表性，如果采样方法不科学，样品不具有代表性，即使结果的分析准确无误，也不可能得出正确的结论。因此，必须运用科学的方法采集材料。

从试验田和实验器皿中获取的植物材料称为“原始样品”，再按原始样品的种类（如植物的根、茎、叶、花、果实和种子等）分别选出“平均样品”，然后根据分析的目的、要求和样品种类的特征，采用适当的方法，从“平均样品”中选出供分析用的“分析样品”。

1. 原始样品的取样方法

（1）随机取样法　在试验区（或大田）中选择有代表性的取样点，取样点的数目视田块的大小而定。选好取样点后，随机采取一定数量的样株，或在每一个取样点上按规定的面积从中采集样株。

（2）对角线取样法　在试验区中可按对角线选定 5 个取样点，然后在每个点上随机选取一定数量的样株，或在每个取样点上按规定的面积从中采集样株。

2. 平均样品的取样方法

（1）混合取样法　对于一般颗粒状（如种子等）或已碾磨成粉末状的样品可以采取混合取样法进行取样。即，将供采取样品的材料铺在木板（或玻璃板、牛皮纸）上成为均匀的一层，按照对角线划分为四等份。取对角的两份为进一步取样的材料，而将其余的两份淘汰。再将已取中的两份样品充分混合后重复上述方法取样。反复操作，每次均淘汰 50% 的样品，直至所取样品达到所要求的数量为止。这种取样的方法叫作“四分法”。

一般禾谷类、豆类及油料作物的种子均可采用这种方法采集平均样品，但注意样品中勿混有未成熟的种子及其他杂物。

（2）按比例取样法　有些作物和果品等材料，在生长不均等的情况下，应将原始样品按不同类型的比例选取平均样品。例如，对于甜菜和马铃薯等块根、块茎材料选取平均样品时，应按大、中、小不同类型样品的比例取样，然后再将每一单个样品纵切剖开，每个切取1/4、1/8或1/16，混合在一起组成平均样品。

在采取果实的平均样品时，如苹果和柑橘等果实，即使是从同一株果树上取样，也应考虑到果枝在树冠上的各个不同方位和部位以及果实大小和成熟度上的差异，按各自相关的比例取样，再混合成平均样品。

（3）按生育期取样法　研究中常常需要观察、分析某种植物材料或在某种因素的处理下在不同生育期的动态变化，因此需要按生育期取样。

在幼苗期取样，因植株较小，采集的株数就比较多，随着植株逐渐长大，每次采集的植株数也相应减少。尽管各种作物有所不同，但总的原则是所取样品的质量应当大于分析用量的2倍以上，而且不能采集单株植物作为样品。在各个生育期取样时，都应事先调查植株的生长发育状况，并将样本区分为若干类型，计算各种类型植株所占的比例，再依此采集相应的样株作为平均样品。

注意事项：

（1）关于取样的地点，一般在距田埂或地边一定距离的株行取样，或在特定的取样区内取样。取样点的四周不应该有缺株的现象。

（2）取样时注意样品的生理状况（生育期、成熟度、患病与否等）和材料在植株上的空间分布。

（3）取样后，按实验的目的分成各部分（如根、茎、叶、果实等），然后捆好，并附上标签，装入纸袋。对于多汁果实，取样时应用锋利的不锈钢刀剖切，并注意勿使果汁流失。

（4）对于果实、蔬菜及幼嫩器官等样品，因含水量较多，容易变质或发霉，可以在冰箱中冷藏、进行灭菌处理、烘干，以供分析之用。

（5）取平均样品的数量应当不少于供分析用样品的2倍。取样后，要注意附上标签。

（6）按植物的不同生育期采集样品进行分析时，首先应调查植株的生育状况并划分为若干类型，计算出各种类型植株所占的比例，再按此比例采集相应数目的样株作为平均样品。

二、样品的处理和保存

1. 鲜样的处理和保存

取下的植株样品或器官组织样品，必须放入事先准备好的保湿容器中，以使样品的水分状况与未取下之前基本保持一致。对于器官、组织样品，如叶片或叶组织，在取样后应立即放入铺有湿纱布的、带盖的瓷盘中，或铺有湿滤纸的培养皿中。对于用于干旱研究的有关样品，应尽可能维持其原来的水分状况。

采回的新鲜样品（平均样品）在做分析之前，一般先要经过净化、杀青、烘干（或风干）等一系列处理。

（1）净化 新鲜样品从田间或试验地取回时，常沾有泥土等杂质，应用柔软的湿布擦净，不用水冲洗。

（2）杀青 为保证样品化学成分不发生变化，应将样品置于105 ℃的烘箱中烘15 ~ 20 min以终止样品中酶的反应。

（3）烘干 样品经过杀青之后，应立即降低烘箱的温度，维持在70 ~ 80℃，直到样品烘至恒重。

此外，在测定植物材料中酶的活性或某些成分（如植物激素、维生素C、DNA、RNA等）的含量时，需要用到新鲜样品。对于此类样品，取样时注意保鲜，取样后应立即进行待测组分提取；也可采用液氮冷冻保存或冰冻真空干燥法得到干燥的制品，放在0 ~ 4℃冰箱中保存即可。在鲜样已进行了匀浆，尚未完成提取、纯化，不能进行分析测定等特殊情况下，也可加入防腐剂（甲苯、苯甲酸），以液态保存在缓冲液中，置于0 ~ 4℃冰箱即可，但保存时间不宜过长。

2. 干样的处理和保存

可根据样品的种类、特点进行以下处理。

（1）种子样品 一般种子（如禾谷类种子）的平均样品在清除杂质后要进行碾磨，在磨碎样品前后都应彻底清理磨粉机（或其他碾磨用具）内部的残留物，以避免不同样品之间的混杂。也可将最初磨出的少量样品弃去，然后正式磨碎，最后使样品全部通过80 ~ 100目的筛子，混合均匀，作为分析样品贮存于具有磨口玻璃塞的广口瓶中，贴上标签，注明样品的采集地点、试验处理、采样日期和采样人姓名等。对于长期保存的样品，贮存瓶上的标签还需要涂蜡。为防止样品在贮存期间生虫，可在瓶中放置一些樟脑或对位二氯甲苯。

当测定油料作物种子（如芝麻、亚麻、花生、蓖麻等）的含油量时，不应当用磨粉机磨碎，否则样品中所含的油分吸附在磨粉机上将明显地影响分析的准确性。因此，对于油料种子，应将少量样品放在研钵内研碎或用切片机切成薄片作为分析样品。

（2）茎秆样品 对于烘干（或风干）的茎秆样品，均要进行磨碎，磨茎秆用的电磨与磨种子的磨粉机结构不同，两者不可混用。如果茎秆样品的含水量偏高而不利于磨碎，应进一步烘干后再进行磨碎。

（3）多汁样品 柔嫩多汁样品（如浆果、瓜、菜、块根、块茎、球茎等）的成分（如蛋白质、可溶性糖、维生素、色素等）很容易发生代谢变化和损失，故常用其新鲜样品直接进行各项测定及分析。

一般应将新鲜的平均样品切成小块，置于电动捣碎机的玻璃缸内进行捣碎。若样品含水量不够高（如甜菜、甘薯等），可以根据样品质量，加入0.1 ~ 1倍的蒸馏水。充分捣碎后的样品应成浆状，从中取出混合均匀的样品进行分析。如果不能及时分析，最好不要急于将其捣碎，以免其中化学成分发生变化而难以准确测定。

有些蔬菜（如含水量不太多的叶菜类、豆类、干菜等）的平均样品可以经过干燥磨碎，也可以直接用新鲜样品进行分析。若采用新鲜样品，可采用上述方法在电动捣碎机内捣碎，也可用研钵（必要时加少许干净的石英砂）充分研磨成匀浆，再进行分析。

供试样品一般应该在暗处保存。

注意事项：

（1）材料烘干所需的时间因样品数量和含水量、烘箱的容积和通风性能而定。烘干时应注意温度不可过高，否则会把样品烤焦，特别是含糖较多的样品，更易在高温下焦化。为了更准确地分析，避免某些成分的损失（如蛋白质、维生素和糖类等），在条件允许的情况下最好采用真空干燥法进行烘干。

（2）进行新鲜材料的活性成分（如酶活性）测定时，样品的匀浆、研磨一定要在冰浴上或低温室内操作。新鲜样品采集后来不及测定的，可放入液氮中速冻，再放入 -70℃冰箱中保存。

（3）对于供光合作用、蒸腾作用和气孔阻力等实验的待测样品，在光照下保存更为合理。一般可先将这些供试样品保存在室内自然光强下，但从测定前的 0.5 ~ 1.0 h 开始，应对这些材料进行光照预处理，也称光照前处理。光照前处理的光强，一般应与测定时的光照条件一致。

（4）测定材料在取样后，一般应在当天进行测定使用，不应该过夜保存。需要过夜时，也应在较低温度下保存，但在测定前应使材料温度恢复到测定条件的温度。

（5）对于籽粒样品，一般可用风干法进行干燥。但有时根据研究的要求，也可立即烘干。对于叶片等样品，在取样后则应立即烘干。为了加速烘干，对于茎秆和果穗等器官组织应事先切成细条或碎块。

【思考题】

1. 原始样品和平均样品的取样方法各有哪些？

2. 实验样品取样时应注意哪些问题？

（车永梅）

第三章

实验的基本操作

一、玻璃器皿的洗涤

实验室各种玻璃器皿必须经过洗涤以后才能使用。洗涤剂种类很多，且性能和用途各不相同。水是用量最大的天然洗涤剂，但只能洗去可溶于水的污物，对于不溶于水的污物，需先用其他方法处理后再用水清洗。对于要求高度洁净的器皿，清水洗过后，还需再用蒸馏水清洗。

1. 常用的化学洗涤剂

（1）铬酸洗涤液　浓（稀）铬酸洗涤液：重铬酸钾 60 g + 浓硫酸（相对密度 1.84 左右）60 mL + 水 300 mL（稀铬酸洗涤液加水 1 000 mL）。配制方法：重铬酸钾溶解在温水中，待冷却后缓缓加入浓硫酸，边加边搅拌（呈深红色，且可见均匀红色小结晶）。或用重铬酸钠代替重铬酸钾（按重铬酸钠 60 g，浓硫酸 100 mL，水 100 mL 的用量配制）。

铬酸洗涤液是强氧化剂，去污能力很强，但当玻璃器皿上沾有油脂、凡士林和石蜡等时，使用该洗涤液无效。同时沾有钡盐的玻璃器皿也不宜用铬酸洗涤液清洗（硫酸会与钡盐起作用形成硫酸钡，附着在玻璃器皿上，很难洗去）。

（2）高锰酸钾（常用 5 mg/L）洗涤液　配制方法：将高锰酸钾溶液加在需要洗涤的器皿中，加入少许浓硫酸（100 mL 溶液加浓硫酸 3 ~ 5 mL），可加热至 50 ~ 60℃（不可用盐酸代替硫酸，会产生有毒的氯气）。

玻璃器皿经高锰酸钾溶液洗涤后，必须用水冲洗干净，有时器皿上会残留一层褐色物质，可用硫酸酸化的 5 mg/L 草酸溶液洗去。

（3）酸和碱洗涤液　器皿上沾有煤膏、焦油和树脂等物质时，可用浓硫酸或 400 mg/L 氢氧化钠溶液处理 5 ~ 10 min，使它们溶解。浓盐酸（工业用）可洗去水垢和某些无机盐沉淀。

（4）有机溶剂洗涤液　脂质、树脂和其他可溶于有机溶剂的物质，可用乙醚、丙酮、乙醇、石油醚、苯、二甲苯、松节油及四氯化碳等有机溶剂洗去。二甲苯可洗脱油漆的污垢。

（5）50 ~ 100 mg/L 乙二胺四乙酸二钠（EDTA-Na_2）溶液　玻璃器皿中加入该溶液加热煮沸可洗脱内壁上的白色沉淀物。

（6）肥皂和其他洗涤剂　肥皂是很好的去污剂，热肥皂的去污能力更强，可洗去器皿上的油脂。100 mg/L 磷酸三钠（Na_3PO_4）溶液去污、去油脂的能力很强，比用肥皂清洗得更洁净。

注意事项：

（1）玻璃器皿若带有较多的还原性物质，要先用水洗过后再用铬酸洗涤液洗，否则洗涤液的去污能力会很快降低。

（2）经过初步洗涤的玻璃器皿在铬酸洗涤液中浸泡至少 15 min，再用清水冲洗。将洗涤液加热至 45 ~ 50℃可以增强去污能力。稀的铬酸洗涤液可以煮沸使用并且可反复使用，直至呈青褐色为止，此时铬酸已被还原而无去污作用。

（3）铬酸洗涤液的腐蚀性很强，溅到桌、椅上应立即用水洗去，并用湿布擦净。沾到皮肤和衣物上应立即用水洗，再用苏打水（碳酸钠的水溶液）或氨水冲洗。

2. 不同玻璃器皿的洗涤

（1）新玻璃器皿的洗涤　对于新玻璃器皿，最好先用 2% 的盐酸溶液处理数小时，再用清水洗净。必要时，再按一般的方法用肥皂和铬酸洗涤液洗，最后清水冲净。

（2）一般器皿的洗涤　试管、烧杯、烧瓶和培养皿等器皿，洗涤前应先用铁丝或铁片将其中的残渣清除，然后用水洗净，或用肥皂水洗涤，再用清水冲洗，必要时，用蒸馏水冲洗一次。需要洁净度更高的器皿，在上述洗涤的基础上，再用铬酸洗涤液处理 10 min，然后用清水将洗涤液彻底冲净。器皿中如存在有害微生物，应先进行高压蒸汽灭菌处理，然后将培养物倒去，再进行洗涤。

视频 1-1 一般玻璃器皿的洗涤

（3）载玻片和盖玻片的洗涤　对于载玻片和盖玻片，也可按上述步骤，水洗后放在铬酸洗涤液中浸泡几小时，或在稀铬酸洗涤液中煮沸 0.5 h，然后取出用清水冲净，再用脱脂的干净纱布擦干。

（4）滴定管和吸管的洗涤　可用铬酸洗涤液洗，但连接在滴定管上的橡胶管不要沾上洗涤液，否则很难洗去。滴定管用洗涤液洗过后还不够清洁，可先用少量 95% 乙醇（体积百分数，后同）洗涤，然后在管中加入 2 mL 的 95% 乙醇，再加入 5 mL 的浓硝酸。在滴定管上端罩一试管，以免药物飞溅。当化学作用终止时，滴定管已洗涤干净。

（5）特殊清洁法　精密实验所用的玻璃器皿可先在 0.1 mol/L 氢氧化钾或氢氧化钠溶液中煮 1 h，再放入 0.1 mol/L 的硫酸或盐酸溶液中煮 1 h，然后用蒸馏水洗几次，再在蒸馏水中浸泡几小时后取出并干燥。

视频 1-2 精密实验用玻璃器皿的洗涤

注意事项：

（1）若载玻片和盖玻片上有油脂或加拿大树胶，可先用肥皂水或合成洗涤剂煮过再清洗。经过染色和加拿大树胶封盖的载玻片，放在浓的硅酸钠中煮，然后再清洗，效果更好。

（2）对载玻片的洁净度要求较高时，应将载玻片在铬酸洗涤液中煮沸 10 min，放凉后取出用 100 g/L 氢氧化钠溶液冲净，然后再在铬酸洗涤液中煮沸，放凉后用水冲净。洗净的载玻片可保存在酸化的 95% 乙醇（滴入数滴浓盐酸）中，用时取出擦干或在酒精灯上将乙醇烧去。

（3）玻璃器皿使用过后，最好在未干燥之前洗涤，尤其是滴管、吸管等，若不能立即清洗，也应浸入水中。

（4）器皿若沾染了对人有传染性的或者是属于植物检疫范围内的微生物，应先用水煮沸或高压蒸汽灭菌，或在消毒液中浸泡过以后再清洗，消毒液可用 50 mg/L 甲醛或漂白粉液（漂白粉 10 g，水 140 mL）。

二、移液管和移液器的使用

1. 移液管的使用

在使用移液管之前首先要看一下移液管标记、准确度等级和刻度标线位置等。

（1）吸液　用右手拇指和中指捏住移液管上端，将管下口插入欲吸取的溶液中（不宜太浅或太深，一般为 10 ~ 20 mm 处，太浅会产生吸空，把溶液吸到洗耳球内污染溶液，太深又会在管外黏附过多溶液）。左手拿洗耳球，接在移液管的上口，把溶液慢慢吸入 1/3 左右的容量，用右手食指按住管口，取出，横持，并转动管子使溶液接触到刻度以上部位，以置换内壁的水分，然后将溶液从管的下口放出并弃去。如此反复洗 3 次后，即可吸取溶液至刻度以上，立即用右手的食指按住管口。

（2）调液面　将移液管向上提升离开液面，管的末端仍靠在承接溶液器皿的内壁上，管身保持直立，略微放松食指（有时可微微转动吸管）使管内溶液慢慢从下口流出，直至溶液的弯月面底部与标线相切为止，立即用食指压紧管口。将尖端的液滴靠壁去掉，移出移液管，插入承接溶液的器皿中。

（3）放液　承接溶液的器皿若是锥形瓶，应使锥形瓶倾斜 30°，移液管直立，管下端紧靠锥形瓶内壁，稍松开食指，让溶液沿瓶壁慢慢流下，流完后移液管尖端接触瓶内壁约 15 s 后，再将移液管移去，残留在管末端的少量溶液，不可用外力强使其流出，因校准时已考虑了末端保留溶液的体积。

2. 移液器的使用

（1）定量　用拇指和食指旋转移液器上部的旋钮，使数字窗口出现所需容量体积的数值。

（2）取液　在移液器下端插上一个吸头并旋紧，然后四指并拢握住移液器上部，用拇指按住柱塞杆顶端的按钮，向下按到第一停点，将移液器的吸头插入待取的溶液中，缓慢松开按钮，吸上液体，并停留 1 ~ 2 s（黏性大的溶液可适当延长停留时间）。

视频 1-3 移液器的使用

（3）放液　将吸头沿器壁滑出容器，用吸水纸擦去吸头表面可能附着的液体，排液时吸头接触倾斜的器壁，先将按钮按到第一停点，停留 1 s（黏性大的液体要适当延长停留时间），再按压到第二停点，吹出吸头尖部的剩余溶液，如果不便于用手取下吸头，可按下吸头推杆，将吸头推入废物缸。

注意事项：

（1）将移液管提出液面后，应用滤纸将沾在移液管外壁的液体擦掉；看刻度时，应将移液管的刻度与眼睛平行，以最下面的弯月面为准。

（2）移液器未装吸头时，切莫移液。在吸取液体时一定要缓慢平稳地松开拇指，绝不允许突然松开，以防溶液吸入过快而冲入移液器内腐蚀柱塞而造成漏气。

（3）为获得较高的精度，吸头需预先吸取一次样品溶液，然后再正式移液，因为吸取血清蛋白溶液或有机溶剂时，吸头内壁会残留一层“液膜”，造成排液量偏小而产生误差。

（4）使用移液器吸取浓度和黏度大的液体，会产生误差，为消除其误差的补偿量，可由试验确定，补偿量可用调节旋钮改变读数窗的读数来进行设定。

（5）严禁使用移液器吹打混匀液体或吸取有强挥发性、强腐蚀性的液体（如浓酸、浓碱和有机物等）。

（6）在设置移液器量程时，不要将按钮旋出量程，否则会卡住机械装置，损坏移液器。

（7）不要用大量程的移液器移取小体积的液体，以免影响准确度。同时，如果需要移取量程范围以外较大量的液体，请使用移液管进行操作。

（8）吸有液体的移液器切勿水平放置或倒置，以免液体倒流腐蚀活塞弹簧，可以将其竖直挂在移液器架上。

（9）移液器在每次实验后应将刻度调至最大，使弹簧处于松弛状态，以延长使用寿命。

三、溶液的配制和混匀

1. 液体试剂的配制

根据稀释前后溶质质量相等原理，用液体试剂配制公式：

$$\omega_1 \times \rho_1 \times V_1 = \omega_2 \times \rho_2 \times V_2$$

式中，ω_1 为稀释后溶液的质量分数（%）；ρ_1 为稀释后溶液的密度（g/mL）；V_1 为欲配溶液体积（mL）；ω_2 为浓溶液质量分数（%）；ρ_2 为浓溶液密度（g/mL）；V_2 为需用浓溶液的体积（mL）。

例：要配制 20% 的硫酸溶液 1 000 mL，需要 96% 的浓硫酸多少毫升？

查表知：硫酸溶液质量分数为 20% 时 $\rho_1 = 1.139$ g/mL；为 96% 时 $\rho_2 = 1.836$ g/mL

代入公式：$20\% \times 1.139 \times 1\,000 = 96\% \times 1.836 \times V_2$

$V_2 = 0.2 \times 1.139 \times 1\,000 \div 0.96 \div 1.836 = 129$ mL

2. 固体试剂的配制

$$m = \frac{c \times V \times M}{1\,000}$$

式中，m 为需称取固体试剂的质量（g）；c 为欲配溶液的浓度（mol/L）；V 为欲配溶液的体积（mL）；M 为摩尔质量（g/mol）。

例：欲配制 0.5 mol/L 的碳酸钠溶液 500 mL，该称取碳酸钠多少克？

视频 1-4 电子天平的使用

$M_{Na_2CO_3} = 106$ g/mol

代入公式：$m = \frac{0.5 \times 500 \times 106}{1\,000} = 26.5$ g

视频 1-5 pH 计的使用

3. 试剂的混匀

（1）固体试剂的混匀　根据固体试剂用量计算结果，用分析天平或电子天平称好放入烧杯，再用适量溶剂溶解（常用蒸馏水溶解）。

（2）液体试剂的混匀　液体试剂一般用量筒量取后倒入烧杯中。

（3）试剂的定容 一般用容量瓶定容，由于容量瓶的瓶颈较细，为避免液体洒在外面，应用玻璃棒引流，玻璃棒不能紧贴容量瓶瓶口，棒底应靠在容量瓶瓶壁刻度线以下。然后用少量蒸馏水洗涤烧杯内壁 2 ~ 3 次，洗涤液全部转入到容量瓶中。轻轻摇动容量瓶，使溶液初步混合均匀。向容量瓶中加入蒸馏水，液面距离容量瓶刻度线下 1 ~ 2 cm 时，改用胶头滴管滴加蒸馏水至液面与刻度线相切。盖好瓶塞反复上下颠倒，最后摇匀，此时如果液面下降也不可再加水定容。

注意事项：

（1）分析实验所用的溶液应用纯水配制，容器应用纯水润洗 3 次以上。

（2）溶液要用带塞的试剂瓶盛装；贮存时应注意防止溶液变质。

（3）配制好的试剂应及时盛入试剂瓶，试剂瓶上必须标明试剂名称、浓度、配制人、配制日期和有效期限。

（4）配制硫酸、磷酸、硝酸和盐酸等溶液时，应把酸倒入水中；不能用手直接接触腐蚀性及剧毒溶液，剧毒废液应做解毒处理，不可直接倒入下水道。

（5）用有机溶剂配制溶液（如指示剂溶液）时，可在热水浴中溶解，不可直接加热。

【思考题】

1. 在玻璃器皿洗涤中，有哪些常用洗涤剂？

2. 使用移液管和移液器时，应该注意哪些问题？

3. 在溶液配制和混匀过程中，哪些问题必须要考虑？

（李玲）

第四章

实验记录与数据统计分析

一、实验记录

做好实验记录是进行实验结果处理和分析的前提，在实验中观察到的现象及数据，应当及时、准确地记在记录本上，切勿写错，更不能涂改，要做到一丝不苟，实事求是。

二、实验图表的制作

实验图表设计是让学生把预设在实验情境中的相关知识准确地表达出来。在实验结果的处理过程中，常用的图表形式有柱形图、线形图和扇形图。绘制这几类图形最常用的软件有Excel和SigmaPlot等。

1. 利用Excel做图表

从电脑程序里找到Microsoft Office软件包，打开Excel软件，将实验数据录入表格，计算实验中不同处理结果的平均数，接下来按以下步骤进行图表的制作。

（1）选定要创建图表的数据区域。

（2）执行“插入”菜单的“图表”命令。

（3）在“图表”下，选择需要的图表类型和子图表类型。

（4）选中新生成的图表，右单击选择“设置图表区域格式”“设置数据系列格式”“设置坐标格式”等，设置和修改图表的标题、x轴标题、y轴标题、网格线以及边框颜色、粗细等。

视频1-6 Excel图表制作

2. 利用SigmaPlot做图表

在实验数据处理过程中，有时会遇到实验结果的数值差异较大的情况。在Excel中作图时，若纵轴数值差异较大，则数值较小的几组结果无法明显表示出来，在这种情况下可以考虑利用SigmaPlot软件作图。使用SigmaPlot作图时，首先双击图标打开软件，然后按照以下步骤进行操作。

（1）新建一个表格。

（2）输入实验数据：横轴的数据输入到第一列，纵轴的数据依次输入到第二列。

（3）选定要创建图表的数据区域。

（4）点击右侧工具栏中的图表类型和子图表类型，生成图表。

（5）双击新生成的图表的纵轴位置，修改图形。

视频 1-7 SigmaPlot 图表制作

（6）在“setting”中选择“breaks”，在“break rang”中选中“show break”，“omit”和“to”中分别填写纵轴数值范围的起点和终点。

三、实验数据的统计分析

在处理植物生理学实验结果的过程中，经常需要对实验数据进行统计分析，最常用的统计方法有标准误和差异显著性分析。

1. 标准误

标准误（standard error）可用来衡量抽样误差。标准误越小，表明样本统计量与总体参数的值越接近，样本对总体越有代表性，用样本统计量推断总体参数的可靠度越高。因此，标准误是推断统计可靠性的指标。此外，还需要特别指出的是，标准误还可以指样本标准差、方差等统计量的标准差，而不仅仅是样本均数的标准差。在 Excel 中标准误常用公式 STDEV 来计算。

2. 差异显著性分析

显著性检验（significance test）就是事先对总体（随机变量）的参数或总体分布形式做出一个假设，然后利用样本信息来判断这个假设（备择假设）是否合理，即判断总体的真实情况与原假设是否有显著性差异。或者说，利用显著性检验可以判断样本与我们对总体所做的假设之间的差异是纯属机会变异，还是由我们所做的假设与总体真实情况之间不一致所引起的。显著性检验是针对我们对总体所做的假设做检验，根据“小概率事件实际不可能性原理”来接受或否定假设。

（1）t 检验　对两个相互独立的样本进行显著性分析时，常采用 t 检验。在科学研究中，为检测某一样品所属总体平均数和某一指定的同类样品的总体平均数之间，或者两种处理取样所属的总体平均数之间有无显著差异时，在总体方差未知，又是小样本的情况下，可以用 t 检验求得 t 值，再根据设定的显著水平和自由度大小，从 t 值表中查得概率值（P），即可推断不同样品或同一样品的不同处理之间是否具有显著性差异及其差异水平。t 检验实质上是差数的 5% 和 1% 置信区间，它只适用于检验两个相互独立的样品平均数。

（2）最小显著极差法　要确定多个平均数之间的差异显著性，还必须对各平均数进行多重比较。近年来多采用最小显著极差法（简称 LSR 法）进行各平均数间的多重比较。各平均数经多重比较后，常采用标记字母法表示。在平均数之间，凡有一个相同标记字母的即为差异不显著，具有完全不同标记字母的即为差异显著，用小写字母 a、b、c 等表示 $\alpha=0.05$ 显著水平，大写字母 A、B、C 等表示 $\alpha=0.01$ 显著水平。差异显著性也可用标“*”的方法表示，凡达到 $\alpha=0.05$ 水平（差异显著）的数据，在其右上角标一个“*”；凡达到 $\alpha=0.01$ 水平（差异极显著）的数据，在其右上角标两个“*”；未达到 $\alpha=0.05$ 水平的数据，则不予标记。

（3）DPS 法　DPS 是一种进行差异显著性分析较为简单和实用的软件。在计算机操作过程中，首先双击 DPS 图标打开软件，粘贴好数据后，选定要检测的数据。在“试验统计”

栏中选择所用的统计方法，如在“完全随机”栏中选择“单因素统计分析”等。最后单击“确定”得到统计结果。

注意事项：

抽样实验会产生抽样误差，对实验资料进行比较分析时，不能仅凭两个结果（平均数或概率）的不同就做出结论，而是要进行统计学分析，鉴别出两者差异是由抽样误差引起的，还是由特定的实验处理引起的。

【思考题】

1. 怎样在 Excel 软件中将实验结果用合适的图表表示出来？
2. 如何进行多组数据间差异的显著性分析？

（马倩）

第五章

实验报告和实验论文

一、实验报告的内容与要求

实验报告是指把实验的目的、原理、过程和结果等记录下来，经过整理，写成的书面汇报。实验报告不仅是对实验的总结，而且可以培养和锻炼学生的逻辑归纳能力、综合分析能力和语言表达能力，是一项重要的基本技能训练。

实验报告的基本内容包括以下几个方面：实验名称、学生姓名、班级、学号及合作者、实验日期和地点、实验目的、实验原理、实验仪器和材料、实验步骤、实验结果及计算或描述、实验讨论等。

1. 实验报告的内容

实验报告中要准确记录实验现象和实验过程中测定得到的原始数据，并利用相关公式对原始数据进行计算处理。对于实验结果的表述，一般有 3 种方法。

（1）文字叙述　根据实验目的对原始资料进行系统地归纳总结，客观地描述实验现象和结果，要注意各结果间的逻辑关系。

（2）图表　用表格或坐标图的方式使实验结果突出、清晰，便于相互比较，尤其适合于分组较多且各组观察指标一致的实验，可以使组间异同一目了然。每一图表应有题目和计量单位，并说明一定的中心问题。

（3）曲线图　应用记录仪器描记出的曲线图，可以直观地反映指标的变化趋势。

讨论是根据相关的理论知识对所得到的实验结果进行解释和分析。如果所得到的实验结果和预期的结果一致，那么它可以验证什么理论？实验结果有什么意义？说明了什么问题？如果所得到的实验结果与预期的结果或理论不符，不能随意取舍甚至修改实验结果，应该分析其异常的可能原因。如果实验失败了，应找出失败的原因及以后实验应注意的事项。也可以写一些实验的心得，或者提出一些问题或建议等。

2. 实验报告的要求

（1）结构科学完整　实验报告的结构要完整，实验题目、实验目的、实验原理等各项内容缺一不可。

（2）内容简明扼要　实验报告不能照抄实验指导，实验指导是对实验方法较详细系统的叙述，以使实验人员能够根据它准确顺利完成实验，实验报告则要求用自己的语言简明扼要、系统且有条理地阐述实验过程和实验结果。

（3）记录真实可靠　要实事求是地记录实验现象和测定数据，不能随意修改，以使他人能准确地了解实验情况，使实验报告具有重要的参考价值。

（4）分析讨论合理　实验结果和讨论是实验报告的重中之重，通过对实验原始数据的计算处理可以了解实验的成功与否。对实验结果进行分析讨论，特别是对与预期结果相差比较大的结果进行讨论能帮助实验者分析出现问题的原因，以培养严谨的研究习惯。

二、实验论文的内容与要求

实验论文是指针对本学科领域中的某一现象和问题的研究结果进行总结论述的一种文体，是研究结果的具体表述和记录，在内容上要求真实、准确，资料要确凿、翔实，结构要严谨。

1. 实验论文的内容

实验论文的基本内容包括以下 6 个方面：标题、作者及单位、摘要、关键词、正文以及参考文献。

2. 实验论文的基本要求

（1）标题　实验论文标题应简洁、明确，不宜超过 20 个字。

（2）摘要　要求用简练的语言将实验材料、方法、结果和结论进行概括总结。摘要要有高度的概括性，语言要精练、明确，以 100 ~ 200 字为宜。

（3）关键词　从论文标题或正文中挑选 3 ~ 5 个最能体现主要内容的词作为关键词。

（4）正文　论文正文一般包括前言、材料与方法、结果与讨论 3 个部分。

前言（引言）是论文的开头部分，应阐明论文的立题依据和研究目的，即介绍研究的现状和存在的问题等，以阐明为什么要做该项研究工作，从而引出本研究要解决的具体问题及其意义，点明该研究的重要性。前言要写得简明扼要，篇幅不宜太长。

材料与方法部分主要阐明“如何做”，即介绍研究的设计方案，可分为实验材料和培养、实验方法、统计学方法几个方面。

结果与结论部分要求用文字、统计图和统计表等将经过归纳和统计学分析的数据和资料准确、客观、具体地报告出来，是实验论文的核心部分，是讨论的依据和基础。描述时应层次分明，结构完整，实事求是，客观论证。讨论是实验论文的精华部分，针对研究结果分析和解释其原因、意义，以及存在的优缺点，必要时做出推理和评价，并提出建议。撰写讨论部分时应注意：第一，与结果密切联系；第二，论据充分，通过引用文献的结果和观点增加文章的说服力和科学性；第三，下结论要慎重，避免使用过于肯定和绝对化的表述。

（5）参考文献　参考文献必须是自己阅读过的文献，不能转引他人的参考文献。

注意事项：

标准曲线是通过原点的一条直线，不是曲线。

【思考题】

1. 简述实验报告的基本内容和要求。

2. 实验论文和实验报告的主要区别有哪些？
3. 制作标准曲线时应该注意的事项是什么？

（车永梅）

第六章

实验室火灾防范

实验室内常见的安全事故就是火灾，引起火灾的主要因素有：①可燃、自燃或助燃的化学物质；②实验室要经常使用酒精灯和电炉等，加热时操作不当；③使用各种电器设备和仪器时，电器短路等。

一、实验室火灾的预防

1. 严禁在敞口的容器或密闭体系中用明火加热有机溶剂，当用明火加热易燃有机溶剂时，必须有蒸汽冷凝装置或合适的尾气排放装置。

2. 废溶剂严禁倒入污物缸，量少时可用水冲入下水道，量大时应倒入回收瓶内再集中处理。

3. 金属钠严禁与水接触，废钠通常用乙醇销毁。

4. 不得在烘箱内存放、干燥、烘焙有机物。

5. 使用氧气钢瓶时，不得让氧气大量溢入室内。

6. 严格规范酒精灯的操作：酒精灯灯芯要平整；添加乙醇时，不超过酒精灯容积的2/3，不少于1/4；绝对禁止向燃烧的酒精灯里添加乙醇；禁止用酒精灯引燃另一支酒精灯；用完酒精灯必须用灯帽盖灭，不可用嘴去吹；不要碰倒酒精灯，万一洒出的乙醇在桌上燃烧起来应立即用湿布扑灭。

彩图 1-4 酒精灯的正确使用

二、实验室安全消防措施

实验室应必备几种灭火器材。实验室一般不用水灭火！这是因为水能和一些药品（如钠）发生剧烈反应，用水灭火时可能会引起更大的火灾甚至爆炸，并且大多数有机溶剂不溶于水且比水轻，用水灭火时有机溶剂会浮在水上面，反而扩大火势。

实验室常用的灭火器材有：

彩图 1-5 沙箱、灭火毯及其使用方法

1. 沙箱

将干燥沙子贮存于容器中备用，灭火时，将沙子撒在着火处。干沙对扑灭金属起火特别安全有效。平时应保持沙箱干燥，切勿将火柴梗、玻璃、纸屑等杂物随手丢入其中。

2. 灭火毯

通常用大块石棉布作为灭火毯，近年来改用玻璃纤维布。灭火时包盖住火焰即可。沙子和灭火毯常用来扑灭局部小火，必须妥善安放在固定位置，不得随意挪作他用，使用后必须放回原处。

3. 二氧化碳灭火器

彩图 1-6 灭火器材及其使用图解

二氧化碳灭火器的钢瓶内储存有无毒害的 CO_2 气体。使用后干净无污染。特别适用于油脂和电器起火，但不能用于扑灭金属着火。

4. 泡沫灭火器

泡沫灭火器的原理是 $NaHCO_3$ 与 $Al_2(SO_4)_3$ 溶液作用产生 $Al(OH)_3$ 和 CO_2 泡沫，灭火时泡沫把燃烧物质包住，与空气隔绝而灭火。因泡沫能导电，故不能用于扑灭电器着火。且灭火后的污染严重，使火场清理工作麻烦，适用于大型火灾。

5. 溴氯二氟甲烷灭火器

这种灭火器材安装在天花板上，灭火器有一低熔点合金封口（有各种规格，常用的是熔点 155℃），当室内着火，温度超过熔点，封口熔融便自动喷出溴氯二氟甲烷（BCF）灭火。BCF 气体有毒，而且与金属易发生反应，故不适于扑灭金属着火引起的火灾。

6. 干粉灭火器

桶内装干粉，内有压缩二氧化碳管，使用时用力打击，二氧化碳管破裂，二氧化碳将干粉喷出，扑救金属着火。但大量钾、钠着火则不宜采用。

一旦失火，应首先采取措施防止火势蔓延，立即熄灭附近所有火源（如酒精灯），切断电源，移开易燃易爆物品。并视火势大小，采取不同的扑灭方法。

常用的灭火方法有：

（1）用石棉网、表面皿或木块等盖住并熄灭发生在容器（如烧杯、烧瓶、热水漏斗等）中的局部小火。

（2）有机溶剂在桌面或地面上蔓延地燃烧时，撒上细沙或用灭火毯扑灭，不得用水冲。

（3）用干燥的细沙覆盖钠、钾等金属引起的着火。严禁用水和 CCl_4 灭火器，否则会导致猛烈的爆炸，也不能用 CO_2 灭火器。

（4）可用湿抹布、灭火毯等包裹衣服灭火。衣服着火时切勿慌张奔跑，以免风助火势。化纤织物最好立即脱除。若火势较大，可就近用水龙头浇灭。必要时可就地卧倒打滚，一方面防止火焰烧向头部，另外在地上压住着火处，使其熄火。

（5）在反应过程中，因冲料、渗漏、油浴着火等引起的反应体系着火时，用几层灭火毯包住着火部位，隔绝空气，使其熄灭，必要时使用灭火器。扑救时必须谨防冷水溅在着火处的玻璃仪器上，必须谨防灭火器材击破玻璃仪器，造成严重的泄漏而扩大火势。若灭火毯仍不奏效，必须使用灭火器。

关闭煤气和水龙头，并迅速清理现场以防引发其他着火、中毒等事故。

【思考题】

1. 实验室内有哪些易引起火灾的危险因素？

2. 实验室内常用灭火器材有哪些？

3. 正确的灭火方法是什么？

（李玲）

第二篇

基础性实验

第七章

植物水分生理相关指标的测定

实验 1 植物组织含水量及水分饱和亏的测定

植物组织含水量（plant tissue water content）是研究植物水分关系、反映植物水分状况的重要指标，也是检验果蔬品质和保障种子、粮食安全贮藏的重要依据。植物组织含水量可以用占鲜重或干重的百分数表示，也可以用相对含水量表示。水分饱和亏是表示植物水分供应状况的重要指标，是指植物组织的实际含水量与饱和含水量之差，常以差值占饱和含水量的百分数来表示，水分饱和亏越大，表示植物体内水分亏缺越严重。

【实验原理】

植物组织含水量测定常用干重法和鲜重法。

鲜重法：植物组织含水量（占鲜重的百分数）= $[(m_f - m_d)/m_f] \times 100\%$ ①

干重法：植物组织含水量（占干重的百分数）= $[(m_f - m_d)/m_d] \times 100\%$ ②

式中，m_f 为组织鲜重，m_d 为组织干重。

植物组织相对含水量（relative water content，RWC）指组织含水量占饱和含水量的百分数：

$$\mathrm{RWC} = \frac{m_f - m_d}{m_t - m_d} \times 100\% \quad ③$$

式中，m_t 为组织被水充分饱和后的质量。

水分饱和亏（water saturation deficit，WSD）指植物组织实际含水量与饱和含水量（100%）的差值的大小。常用下式表示：

$$\mathrm{WSD} = 1 - \mathrm{RWC}$$

实际测定时，可用下式计算：

$$\mathrm{WSD} = \frac{m_t - m_f}{m_t - m_d} \times 100\% \quad ④$$

【实验用品】

1. 材料

各种植物器官。

2. 用品

天平，烘箱，剪刀，烧杯，铝盒，吸水纸。

【方法与步骤】

1. 称重

剪取植物组织，迅速放入已知质量的铝盒中，称出鲜重（m_f）。

2. 烘干

将盛有样品的铝盒放入 105℃的烘箱内，杀青 20 min，然后将烘箱调至 80℃烘至恒重，称出干重（m_d）。

3. 测定相对含水量的材料处理方法

称鲜重后，将样品浸入蒸馏水中 6 h 左右，取出后用吸水纸擦干样品表面水分，称重；再将样品浸入水中 1 h，取出，擦干，称重，直至样品饱和质量近似，即得样品饱和质量（m_t）。然后烘干，称重（m_d）。

4. 结果计算

将所测得的 m_f、m_d、m_t 值，分别代入公式①、②、③、④，即可算出样品含水量、相对含水量及水分饱和亏。

【思考题】

1. 测定植物组织相对含水量有哪几种方法?

2. 测定植物组织相对含水量和水分饱和亏有何意义?

【参考文献】

张治安，张美善，蔚荣海 . 植物生理学实验指导［M］. 北京：中国科学技术出版社，2004.

（车永梅）

实验 2　植物组织中自由水和束缚水含量的测定

植物组织中的水分以自由水（free water）和束缚水（bound water）两种不同的状态存在。自由水与束缚水含量的高低与植物的生长及抗性有密切关系。自由水 / 束缚水比值高时，植物组织或器官的代谢活动旺盛，生长也较快，抗逆性较弱；反之，则生长较缓慢，但抗性较强。因此，自由水和束缚水的相对含量可以作为植物组织代谢活动及抗逆性强弱的重要指标。

【实验原理】

自由水未被细胞原生质胶体颗粒吸附而可以自由移动、蒸发和结冰，也可以作为溶剂。束缚水则被细胞原生质胶体颗粒吸附而不易移动，因而不易被夺取，也不能作为溶剂。基于上述特点以及水分依据水势差而移动的原理，将植物组织浸入含糖量高（低水势）的糖溶液中一定时间后，自由水可全部扩散到糖液中，组织中便留下束缚水。自由水扩散到糖液后（相当于增加了溶液中溶剂）便增加了糖液的质量，同时降低了糖液的含量。测定该降低了的糖液含量，再根据原先已知的高浓度糖液的质量，可求出浓度降低了的糖液的质量。用浓度降低了的糖液的质量减去原来高浓度糖液的质量，即为植物组织中的自由水的质量（即扩散到高浓度糖液中的水的质量）。最后，用同样的植物组织的总含水量减去此自由水的含量即是植物组织中束缚水的含量。

【实验用品】

1. 材料

叶片较大的植物。

2. 用品

阿贝折射仪，天平（感量 0.1 mg），烘箱，干燥器，（带盖）称量瓶，打孔器（面积 0.5 cm^2 左右），烧杯，瓷盘，托盘天平（感量 0.1 g），量筒。

3. 试剂

600 ~ 650 g/L 的蔗糖溶液。

【方法与步骤】

1. 植物组织中自由水含量的测定

（1）取称量瓶 3 个，编号并分别准确称重。

（2）在田间选取生长一致的待测植物数株，选取部位、长势、叶龄一致有代表性的叶片数片，用打孔器打取小圆片 150 片（注意避开粗大的叶脉），立即装到称量瓶中（每瓶随机装入 50 片），盖紧瓶盖并精确称量。

（3）在 3 个称量瓶中各加入 600 ~ 650 g/L 的蔗糖溶液 5 mL 左右，再分别准确称量。

（4）各瓶置于暗处放置 4 ~ 6 h（经减压处理后，只需在暗处放置 1 h），其间不时轻轻摇动称量瓶。到预定的时间后，充分摇动溶液。用阿贝折射仪分别测定各瓶糖液的含糖量，同时测定原来糖液的含糖量。

设称量瓶质量为 m_1，称量瓶与小圆片的总质量为 m_2，称量瓶与小圆片及糖液的总质量为 m_3，糖液原来的含量为 w_1，浸过植物组织后糖液的含量为 w_2。

2. 结果与计算

（1）植物组织中自由水的百分含量可由下式算出：

$$\text{植物组织中自由水的百分含量} = \frac{(m_3 - m_2) \times [(w_1 - w_2)/w_2]}{(m_2 - m_1)} \times 100\%$$

根据上式可求出 3 个不同的测定值，并进一步求出其平均值。

（2）植物组织中束缚水含量的计算

按上述实验的方法测出组织中总含水量，减去上述自由水的含量，即得植物组织中束缚水的含量。

植物组织中束缚水的含量 = 植物组织中总含水量 − 植物组织中自由水含量

【思考题】

1. 测定植物组织中自由水和束缚水含量有何意义？

2. 自由水 / 束缚水比值的大小与植物生长、代谢活动及抗性有何关系？

（车永梅）

实验 3　气孔运动的影响因子及其信号转导机制

气孔（stomata）是陆生植物与外界环境交换水分和气体的主要通道及调节部位，气孔在叶片上的分布、密度、形状、大小以及开闭情况显著地影响着叶片的光合、蒸腾等生理代谢的速率。因而研究气孔运动的影响因子，探究其信号转导机制具有重要的理论和应用价值。

气孔的开闭运动是由组成气孔器的两个保卫细胞的膨压控制的，光照、CO_2 浓度、激素和逆境等因子均能调控气孔的开闭运动。气孔的开闭运动可在显微镜下直接观察。

Ⅰ　光照、CO_2 对气孔运动的影响

【实验原理】

教学课件 2-1 气孔运动影响因子及其信号转导机制

光照下植物叶片的气孔开启，黑暗中气孔关闭。一般情况下，高浓度 CO_2 抑制气孔张开，而低浓度 CO_2 诱导气孔开放。气孔的形态、大小及开度可在显微镜下直接观察。

【实验用品】

1. 材料

3 ~ 4 周龄的蚕豆或鸭跖草幼苗。

2. 用品

光学显微镜（附接目镜测微尺），光源灯，载玻片，盖玻片，镊子，滴管，吸水纸，培养皿等。

3. 试剂

1 mol/L NaOH 溶液。

【方法与步骤】

1. 光照对气孔开启的作用

视频 2-1 气孔表皮装片的制作

将离体叶片（鸭跖草或蚕豆等的叶片）冲洗干净，放置于黑暗中数小时，使气孔关闭。然后把一片平展的叶片固定在显微镜的载物台上，有气孔的一面朝上，开启显微镜的内藏式光源或在叶片的斜上方安置一显微聚光灯，照射叶片，视野中选择数个气孔，调焦后，每隔 5 ~ 10 min 观察一次，并用显微测微尺测量气孔开度。也可用显微摄影仪定时定点拍摄光诱导的气孔开启过程。

2. 气孔对 CO_2 的反应

视频 2-2 光学显微镜的使用

取叶片气孔下表皮，将盛有表皮条和少量水的小培养皿放在一盛有 1 mol/L NaOH 溶液的大培养皿中，用烧杯罩住大培养皿，其中 CO_2 被 NaOH 溶液所吸收，放在室温、光照下 30 min，处理前、后测量气孔孔径。

Ⅱ　K^+ 对气孔开度的影响

【实验原理】

保卫细胞的渗透系统受 K^+ 调节。光照下，保卫细胞中的叶绿体通过光合磷酸化生成 ATP，ATP 驱动质膜上的质子泵，使保卫细胞能逆浓度梯度从周围表皮细胞吸收 K^+，或从

外界溶液中吸收 K^+，从而降低其渗透势，使气孔开放。

【实验用品】

1. 材料

3 ~ 4 周龄的蚕豆或鸭跖草幼苗。

2. 用品

光学显微镜（附接目镜测微尺），尖头镊子，光源灯，培养皿，载玻片与盖玻片若干。

3. 试剂

5 mg/L KNO_3 溶液和 5 mg/L $NaNO_3$ 溶液，两者都须用分析纯试剂配制。

【方法与步骤】

1. 在 3 个培养皿中各加入 15 mL 的 5 mg/L KNO_3 溶液、5 mg/L $NaNO_3$ 溶液与蒸馏水。
2. 在同一蚕豆叶片上撕取表皮若干，分放在上述的 3 个培养皿中。
3. 将培养皿置于人工光照条件下光照处理 1 ~ 1.5 h，光照强度在 4 000 lx 左右。
4. 分别在显微镜下观察 3 个培养皿中叶片表皮气孔的开度。

Ⅲ ABA 等植物激素对气孔关闭的作用

【实验原理】

植物内源激素脱落酸（abscisic acid，ABA）、水杨酸（salicylic acid，SA）、茉莉酸（jasmonic acid，JA）和生长素（auxin，IAA）等均能够影响气孔的开闭运动。可以用称量法、镜检法直接或间接地测量气孔开度，以检验外源激素的作用，加深了解植物激素的生理功能。

【实验用品】

1. 材料

3 ~ 4 周龄的蚕豆或鸭跖草幼苗。

2. 用品

光学显微镜（附接目镜测微尺），恒温培养箱，天平（感量 0.1 mg），25 mL 烧杯，10 mL 移液管，剪刀，尖头镊子，光源，载玻片和盖玻片等。

3. 试剂

1 mmol/L ABA 溶液，1 mmol/L SA 溶液，1 mmol/L IAA 溶液，1 mmol/L 6–BA 溶液，pH 6.1 的 10 mmol/L Tris 或 MES 缓冲液，蒸馏水。

【方法与步骤】

1. 取 3 ~ 4 周龄的蚕豆幼苗最上端刚展开的叶片，放在光照下（用于 ABA、SA 处理）或暗处（用于 IAA 处理）2 ~ 3 h，诱导气孔关闭或张开。在显微镜下观察并记录气孔孔径。
2. 用 pH 6.1 的 10 mmol/L Tris 缓冲液配制不同浓度的 IAA、6–BA 和 ABA 溶液（0、10^{-4} mmol/L、10^{-5} mmol/L 和 10^{-6} mmol/L）。
3. 取气孔下表皮，分别放入以上缓冲液中，在散射光下照射 2 ~ 3 h，测量各处理和对照的气孔孔径，作出激素浓度和孔径的关系图。
4. 根据测量结果，分析各激素对气孔开度的影响。

彩图 2-1 气孔开闭的显微照片

Ⅳ　Ca^{2+} 参与 ABA 诱导气孔关闭的信号转导

【实验原理】

Ca^{2+} 是 ABA 调节气孔运动信号转导的重要组分之一。利用激光共聚焦显微镜技术可证明在 ABA 诱导蚕豆气孔关闭时会出现 $[Ca^{2+}]_i$（胞质钙浓度）升高现象，Ca^{2+} 通道阻断剂 EGTA、钌红、$LaCl_3$ 和异搏定可阻断 ABA 所引起的 $[Ca^{2+}]_i$ 升高，抵消或减弱 ABA 诱导气孔关闭的效应。

【实验用品】

1. 材料

3 ~ 4 周龄的蚕豆或鸭跖草幼苗。

2. 用品

光学显微镜（附接目镜测微尺），载玻片，镊子，滴管，吸水纸，测微尺等。

3. 试剂

100 mmol/L KCl 溶液，pH 6.1 的 10 mmol/L Tris 或 MES 缓冲液，100 mmol/L $CaCl_2$ 溶液，20 mmol/L EGTA 溶液，10 mmol/L $LaCl_3$ 溶液。

【方法与步骤】

1. 取 3 ~ 4 周龄的蚕豆幼苗最上端刚展开的叶片，置于黑暗处或在光照下 2 ~ 3 h，诱导气孔关闭或张开。在显微镜下观察并记录气孔孔径。

视频 2-3 激光共聚焦显微镜的使用

2. 用 pH 6.1 的 10 mmol/L Tris 缓冲液配制不同浓度的 ABA 溶液（0、10^{-4} mmol/L、10^{-5} mmol/L 和 10^{-6} mmol/L）、Ca^{2+} 溶液（0.1 mmol/L、1 mmol/L、10 mmol/L）、含有 2 mmol/L EGTA 的 ABA 系列浓度溶液，含有 1 mmol/L $LaCl_3$ 的 ABA 系列浓度溶液。

3. 取气孔下表皮，分别放入以上缓冲液中，在散射光下照射 2 ~ 3 h，测量各处理和对照的气孔孔径，作出激素浓度和孔径的关系图。

4. 根据测量结果，分析 Ca^{2+} 在 ABA 调控气孔运动中的作用。

注意事项：

（1）以蚕豆幼苗为材料时，要选取 3 ~ 4 周龄植株最上端完全展开的叶片，增强处理效果。

（2）室温较低时，将照光的培养皿放置得离光源稍近一些，使培养皿中溶液温度能上升至 30 ~ 35℃。

（3）根据实验目的不同给予叶片光照或黑暗处理，光照时叶片下表皮朝向光源。

【思考题】

1. 气孔的开闭是由什么控制的？

2. 为什么供试材料在实验前要放在湿润的空气中进行光照？

3. 当水取代甘油时，气孔开度为什么比实验开始时还大？

4. 在何种溶液中气孔的开度最大？为什么？

5. 如何进一步证明 Ca^{2+} 参与 ABA 诱导气孔关闭的过程？

（刘新）

实验 4 植物组织水势的测定

Ⅰ 小液流法、折射仪法

水势（water potential，ψ_w）代表植物组织的水分状况，其高低决定着植物体细胞之间、组织之间以及植物体与环境之间水分的移动方向。将植物组织放在已知水势的一系列溶液中，如果植物组织的水势（ψ_{cell}）低于某一溶液的水势（ψ_{out}），则组织吸水，反之组织失水。若两者相等，则水分交换保持动态平衡。组织的吸水或失水会使溶液的浓度、密度、电导率以及组织本身的体积与质量发生变化。根据这些参数的变化情况可确定与植物组织等水势的溶液。

【实验原理】

1. 折射仪法

教学课件 2-2 植物组织水势的测定

植物组织和蔗糖溶液组成的渗透体系中，水分遵循从高水势向低水势流动的原理。将植物组织放入一系列不同浓度的蔗糖溶液中，可能发生如下 3 种情况：若植物组织吸水，则外液蔗糖浓度增加；若植物组织失水，则外液蔗糖浓度降低；若植物组织既不吸水又不失水，则外液蔗糖浓度不变。这种蔗糖浓度的变化，可以利用折射仪测定其折光系数（或蔗糖溶液的质量百分数），与原蔗糖溶液折光系数比较找寻折光系数无变化的蔗糖溶液质量百分数，或者是相邻两种浓度的平均数，最后按照公式计算出植物组织的水势值。

2. 小液流法

小液流法是由俄罗斯人夏尔达可夫修改而成。实验中常用甲烯蓝着色，有人称为着色法（dye method）。此法是以相对密度大小测定蔗糖溶液浓度变化，因此又称为相对密度法（densitometril method）。

当植物组织与外界溶液接触时，若组织水势低于外液水势，则水分进入植物组织，外液浓度增高；相反，则组织水分进入外液，使外液浓度降低；若两者水势相等，组织不吸水也不失水，外液浓度不变。外液浓度不同，相对密度也不同。取浸过组织的蔗糖溶液一小滴（为便于观察加入少许甲烯蓝），放入未浸过植物组织的原浓度溶液中，观察有色溶液的沉浮。若液滴上浮，表示浸过样品后的溶液浓度变小；液滴下沉，表示浸过样品后的溶液浓度变大；若液滴不动，表示浓度未变，该溶液水势即等于植物组织水势。实际测定时，常常不易找到有色液滴不动的溶液，而是取接近组织水势的相邻两种溶液浓度的平均值。

【实验用品】

1. 材料

新鲜菠菜或芹菜、油菜等其他植物绿叶。

视频 2-4 小液滴沉浮的观察

2. 用品

阿贝折射仪，擦镜纸，滴管，吸水纸，具塞小试管，大试管，毛细移液管，试管架，打孔器，干净的硬纸片，镊子，甲烯蓝（研成粉末），无离子水，不同含量的蔗糖溶液（按表Ⅱ-1 配制）。

视频 2-5 数字阿贝折射仪的使用

表 Ⅱ-1　不同水势溶液配制表

蔗糖溶液水势 /-bar	蔗糖质量 /g（100 mL 蒸馏水）	蔗糖溶液水势 /-bar	蔗糖质量 /g（100 mL 蒸馏水）
2	2.74	16	20.99
4	5.45	18	23.42
6	8.11	20	25.86
8	10.74	22	28.28
10	13.34	24	30.68
12	15.91	26	33.04
14	18.44	28	35.38

1 bar = 100 kPa

【方法与步骤】

1. 配制不同水势梯度溶液

取 6 支干净的具塞小试管（甲组）和相同数量的大试管（乙组），贴上不同质量浓度（或水势）的标签。分别向大试管中加入不同浓度的蔗糖溶液各 4 mL，加盖，摇匀。

2. 制作组织平衡溶液

剪取待测的叶片，擦拭干净，用打孔器打成圆片，混匀，分别装入具塞小试管底部，每管装入 10 片。向各管分别加入不同水势或质量浓度的蔗糖溶液 1 mL，加盖，摇匀，静置 20 min。

3. 检测

用滴管吸取少量乙组溶液，在阿贝折射仪上测定每种蔗糖溶液的折光系数。用滴管吸取少量甲组溶液，在阿贝折射仪上测定浸泡过植物叶片材料的各管蔗糖溶液的折光系数。

4. 观测

测定折光系数后，在甲组试管内加入少许甲烯蓝，使试管底部蓝色溶液充分混合均匀，用干净的毛细移液管吸取 1 ~ 2 滴溶液，小心地插入装着相对应同等浓度蔗糖溶液的大试管（乙组）溶液的中部，轻轻地挤出一小滴蓝色溶液，慢慢转动毛细移液管头部，抽出毛细移液管，观察蓝色液滴的流动方向。蓝色溶液不动的试管或蓝色液滴上浮、下沉的两个相邻试管蔗糖浓度的平均值，即为等势点。

【结果计算】

彩图 2-2 利用小液流法确定等势点

如蔗糖溶液按水势值配制，测出的结果不必再进行运算。

若蔗糖溶液按浓度配制，按下式分别计算出两种方法所测定的植物组织的水势。

$$\psi_{cell} = \psi_{out} = -icRT$$

式中，ψ_{cell} 为植物组织水势（Pa）；ψ_{out} 为外界溶液渗透势（Pa）；c 为等势点的蔗糖浓度（mmol/L）；R 为气体常数（0.082×10^5 Pa·L·mol^{-1}·K^{-1}）；T 为绝对温度（K），即 $273 + t$（t 为实验温度，单位为℃）；i 为解离常数（蔗糖为 1）。

注意事项：

（1）一定要先利用折射仪法测定，然后通过小液流法测定。

（2）小液流法中，用滴管挤出液滴及向外抽出滴管时，用力一定要小，动作要慢。

（3）折射仪法中，前后两次测定溶液的折光系数时的温度必须保持一致。

（4）本实验取材一定要均匀，否则误差会很大。

【思考题】

1. 比较这两种水势测定方法的优缺点。测定材料为叶片时，用其小圆片与外液进行水分交换，有何缺点？

2. 用小液流法测定植物组织的水势与用质壁分离法测定植物细胞的渗透势都是以外界溶液的溶质势算出植物组织的水势，它们之间的区别何在？

3. 在上题的两种方法中，如何判定你的实验结论是否正确？

（车永梅）

Ⅱ 露 点 法

植物组织水势与渗透势是反映植物体内水分供应状况的重要生理指标。水势与渗透势的测定方法可分为 3 类，即液相平衡法（包括小液流法测水势、重量法测水势和质壁分离法测渗透势）、压力平衡法（压力室法测水势）和气相平衡法，气相平衡法包括热电偶湿度计法和露点法等。液相平衡法所需仪器设备简单，但手续烦琐、效率低，难以自动记录；压力平衡法适于测定枝条或整个叶片的水势，对于小型样品如叶圆片等不适用。气相平衡法能广泛用于各种植物叶片水势和渗透势的测定，所需样品量极少、测量精度高，是近年来发展起来的一类较好的植物水势及其组分的测定技术。

【实验原理】

将叶片或组织汁液密闭在体积很小的样品室内，经一定时间后，样品室内的空气和植物样品将达到温度和水势的平衡状态。此时，样品室内空气的水势（以蒸气压表示）与叶片的水势（或组织汁液的渗透势）相等。因此，只要测出样品室内空气的蒸气压，便可得知植物组织的水势（或汁液的渗透势）。由于空气的蒸气压与其露点温度具有严格的定量关系，本仪器便通过测定样品室内空气的露点温度而得知其蒸气压。该仪器装有高分辨率的热电偶，热电偶的一个结点安装在样品室的上部。测量时，首先给热电偶施加反向电流，使样品室内的热电偶结点降温（Peltier 效应），当结点温度降至露点温度以下时，将有少量液态水凝结在结点表面，此时切断反向电流，并根据热电偶的输出电位记录结点温度变化。开始时，结点温度因热交换平衡而很快上升；随后，则因表面水分蒸发带走热量，而使其温度保持在露点温度，呈现短时间的稳定状态；待结点表面水分蒸发完毕后，其温度将再次上升，直至恢复原来的温度平衡。记录下稳衡状态的温度，便可将其换算成待测样品的水势或渗透势。

【实验用品】

1. 材料

新鲜的菠菜（或芹菜、油菜），也可以从校园内采集其他植物的新鲜绿叶。

2. 用品

5520 型蒸气压渗透压计及配套试剂。

【方法与步骤】

1. 开机预热

打开仪器电源开关，屏幕显示：Initialization（初始化）
Please Wait（请等待）

仪器自动进行初始化，75 s 后，屏幕出现：Chamber Empty（空样品室）
READY>（已准备好）

在显示屏下方显示：— …◆……O………… +
Temp　　drift （温度移动）

当光标稳定移动到中间圆圈“O”处时，表示预热结束，可以进行样品测定，否则不能进行测定。如果仪器长期没有使用，应适当延长预热时间。

2. 仪器的校正

仪器配有 3 种不同含量的标准液，校正时使用标准液的顺序是 290 mmol/kg、1 000 mmol/kg、100 mmol/kg。如果一次校正不行，应进行多次重复校正。如果已知被测样品的含量范围，选择一种适合的标准液进行校正即可。按下列步骤进行校正：

（1）打开样品室开关，屏幕显示主菜单（4 种测定模式）：

READY>（已准备好）
Normal Mode（常规方式）
Average（平均方式）
Auto Repeat（自动重复方式）
Process Delay（测定滞后方式）

测定样品液时可根据需要选择测定模式。校正时选择箭头所指的第一种模式（默认模式）。

（2）拉出样品室，用棉布或绸布（不能用面巾纸）清洁样品槽。防止纤维污染样品室中的热电偶探头。

（3）用镊子取一片圆滤纸片放入样品槽中（多于一片会造成测定值偏高），用加样器沿着加样架准确加入 10 μL 标准液。如果每次加入的样品量不一致会导致测定结果波动。

（4）推入样品室，关闭样品室手柄，仪器自动进行测定，75 s 后显示测定的数据。

（5）当数据显示后，如果读数超出标准液的误差范围（±3 mmol/kg），按“Select”键显示：

Calibrate　（校正）
Clean Test　（清洁测试）
Delete Result　（删除结果）
Mode Menu　（测定方式菜单）

（6）选择“Calibrate”后，按“Enter”键即可自动校正到标准液的读数。

3. 样品液的测定

校正完毕后可进行样品液的测定。测定步骤如下：

（1）清洁样品槽。

（2）加入样品液（方法同仪器的校正步骤 3）。

（3）推入样品室，关闭样品室手柄，仪器自动进行测定。

（4）测定过程中，仪器显示“In Process”；测定完毕后，仪器发出鸣叫声，并显示出测定值，以 SI 单位 mmol/kg 表示。

（5）打开样品室，用棉布（或绸布）清除已测样品，并清洁样品室。按以上步骤进行第二个样品的测定。

（6）渗透势（ψ_s）的计算：

$$\psi_s(\text{MPa}) = C_i \times 0.083\,14 \times (273 + t) \times 10^{-3}$$

式中，C_i 为渗透压计显示屏读数；t 为测定时的环境温度（℃）。

【思考题】

1. 水势与渗透势的测定方法可分为哪三大类？

2. 比较三大类水势与渗透势测定方法的异同。

（车永梅）

第八章

植物营养生理相关指标的测定

实验5 植物溶液培养和缺素培养

植物正常生长发育需要多种矿质元素。借助无土培养法［溶液培养（solution culture）和砂基培养］可以确定各种元素是否为植物所必需。近年来，无土栽培不仅作为一种研究手段，而且成为新的生产方式，在蔬菜、花卉生产中开始大规模应用。本实验主要学习溶液培养的技术，并证明氮、磷、钾、钙、镁和铁等元素对植物生长发育的重要性。

教学课件2-3 植物的溶液培养和缺素培养

【实验原理】

将植物必需的矿质元素按一定比例配制成培养液来培养植物，可使植物正常生长发育，如缺少某一必需元素，则会表现出缺素症状，即缺素培养（nutrient deficient culture）；将所缺元素加入培养液中，缺素症状即可逐渐消失。

【实验用品】

1. 材料

玉米等植物种子。

2. 用品

烧杯（25 mL和1 500 mL），移液管（1 mL和5 mL），量筒（1 000 mL），培养瓶（可用600～1 000 mL塑料广口瓶或瓷质、玻璃质培养缸），黑色蜡光纸或报纸适量，纱网（15 cm×15 cm），精密pH试纸（pH 5.4～7），带盖搪瓷盘，石英砂，陶质花盆和试剂瓶（500 mL）等。

3. 试剂

视频2-6 铁盐贮备液的配制

硝酸钾、硝酸钠、硫酸铜、硫酸镁、硝酸钙、硫酸锌、磷酸二氢钾、氯化钙、钼酸、硫酸钾、硫酸亚铁、盐酸、硫酸钠、硼酸、乙二胺四乙酸二钠、磷酸二氢钠和氯化锰等，试剂均需为分析纯。

【方法与步骤】

1. 培苗

精选活力旺盛的玉米（或番茄、向日葵）种子为实验材料。用搪瓷盘装入一定量的石英砂（或洁净的河沙），将已浸种过夜的玉米（或番茄）等种子均匀地排列在石英砂表面，再覆盖一层石英砂，保持湿润，然后放置在温暖处发芽。待第一片真叶完全展开后，选择生长一致的幼苗，小心地分别移植到各种缺素培养液中。移植时注意勿损伤根系。

2. 配制贮备液

大量元素贮备液用蒸馏水按表Ⅱ-2 配制。微量元素贮备液按以下配方配制：称取 2.86 g H_3BO_3、1.81 g $MnCl_2 \cdot 4H_2O$、0.08 g $CuSO_4 \cdot 5H_2O$、0.22 g $ZnSO_4 \cdot 7H_2O$、0.09 g $H_2MoO_4 \cdot H_2O$，将上述药品分别溶解后混匀，用蒸馏水定容至 1 L。

表Ⅱ-2　大量元素贮备液配制表

营养盐	质量浓度 / ($g \cdot L^{-1}$)	备注
$Ca(NO_3)_2 \cdot 4H_2O$	236.0	
KNO_3	102.0	
$MgSO_4 \cdot 7H_2O$	98.0	
KH_2PO_4	27.0	
K_2SO_4	88.0	
$CaCl_2$	111.0	
NaH_2PO_4	24.0	
$NaNO_3$	170.0	
Na_2SO_4	21.0	
EDTA-Na_2 } EDTA-Fe	7.45	EDTA-Fe 的配制，将 EDTA-Na_2 和 $FeSO_4 \cdot 7H_2O$ 分别溶解，然后混匀、煮沸，用蒸馏水定容至 1 000 mL
$FeSO_4 \cdot 7H_2O$ } EDTA-Fe	5.57	

配制好以上贮备液后，再按表Ⅱ-3 配成完全培养液或各种缺素培养液（用蒸馏水配制和定容）。调节 pH 至 5.5 ~ 5.8。

表Ⅱ-3　完全培养液和各种缺素培养液配制表

贮备液	不同类型的培养液						
	完全	缺 N	缺 P	缺 K	缺 Ca	缺 Mg	缺 Fe
$Ca(NO_3)_2$	0.5		0.5	0.5		0.5	0.5
KNO_3	0.5		0.5		0.5	0.5	0.5
$MgSO_4$	0.5	0.5	0.5	0.5	0.5		0.5
KH_2PO_4	0.5	0.5			0.5	0.5	0.5
K_2SO_4		0.5	0.1				
$CaCl_2$		0.5					
NaH_2PO_4				0.5			
$NaNO_3$				0.5	0.5		
Na_2SO_4						0.5	

续表

贮备液	不同类型的培养液						
	完全	缺 N	缺 P	缺 K	缺 Ca	缺 Mg	缺 Fe
EDTA-Fe	0.5	0.5	0.5	0.5	0.5	0.5	
微量元素	0.1	0.1	0.1	0.1	0.1	0.1	0.1

表中数字为每 100 mL 培养液各种贮备液的体积（单位：mL）。

3. 培养

取 7 个 600 ~ 1 000 mL 的塑料广口瓶，分别装入配制的完全培养液及各种缺素培养液 600 ~ 900 mL，贴上标签，写明日期。然后把各瓶用黑色蜡光纸或黑纸包起来（黑面向里），或用报纸包 3 层，用纸壳或 0.3 mm 的橡胶垫做成瓶盖，并用打孔器在瓶盖中间打一圆孔，把选好的幼苗去掉胚乳，并用棉花缠裹住根基部，小心地通过圆孔固定在瓶盖上，使整个根系浸入培养液中，装好后将培养瓶放在阳光充足、温度适宜（20 ~ 25℃）的地方，培养 3 ~ 4 周。

4. 观察

实验进行 1 周后，开始观察。并用精密 pH 试纸检查培养液的 pH，如高于 6，则用稀盐酸将其调整到 5 ~ 6。为了使根系氧气充足，每天需定时向培养液中充气，或在瓶盖与溶液间保留一定空隙，以利于通气。培养液每隔 1 周需更换 1 次。注意记录幼苗缺乏必需元素时所表现的症状和最先出现症状的部位。待各缺素培养液中的幼苗表现出明显症状后，可把缺素培养液全部更换为完全培养液，观察各症状逐渐消失的情况，并记录结果。

视频 2-7 幼苗缺素处理
彩图 2-3 溶液培养中幼苗的移栽
彩图 2-4 玉米幼苗缺素症状
彩图 2-5 大豆幼苗缺素症状

注意事项：

（1）蒸馏水的电导率不能超过 40 μS/cm，否则影响实验效果。

（2）幼苗放入培养液中培养时应去掉种胚。

（3）实验中应选择生长一致的幼苗。

【思考题】

1. 为什么说无土培养是研究植物矿质营养的重要方法？

2. 比较溶液培养和砂基培养的优缺点。

3. 进行溶液培养或砂基培养有时会失败，主要原因是什么？

（车永梅）

实验 6　根系活力的测定（TTC 法）

植物根系是活跃的吸收器官和合成器官，根的生长情况和活力水平直接影响地上部的生长和营养状况及产量水平。根系活力是研究植物生长发育时常常需要测定的一项生理指标。

教学课件 2-4 根系活力的测定（TTC 法）

【实验原理】

氯化三苯基四氮唑（triphenyl tetrazolium chloride，TTC）是标准氧化还原电位为 80 mV

的氧化还原物质，溶于水中成为无色溶液，但还原后生成红色且不溶于水的三苯基甲臜（TTF）。反应如下：

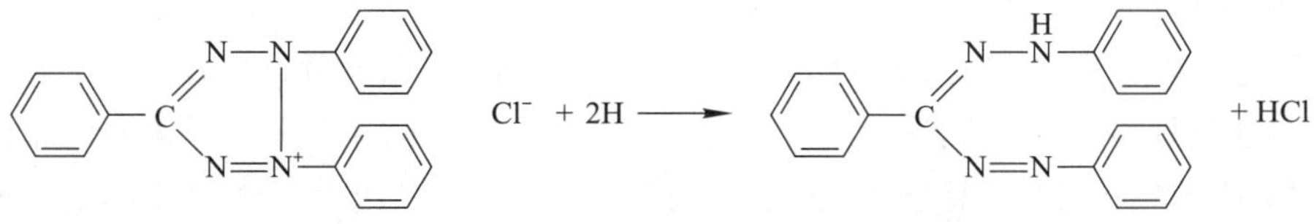

TTC（无色，溶于水）　　　　TTF（红色，不溶于水）

生成的 TTF 比较稳定，不会被空气中的氧自动氧化，所以 TTC 被广泛用作脱氢酶的氢受体。植物根系中脱氢酶可引起 TTC 还原，此反应可因加入琥珀酸、延胡索酸、苹果酸等得到加强，而被丙二酸、碘乙酸所严重抑制。在幼根中，脱氢酶活性的高低与根系活力成正比。因此，通过测定脱氢酶的活性，可由脱氢酶活性代表根系活力。此法既可定性，又可定量测定。

【实验用品】

1. 材料

玉米幼根。

2. 用品

分光光度计，分析天平，托盘天平，恒温培养箱，研钵，漏斗，量筒（10 mL），刻度移液管，试管（10 mL），试管架，药匙，石英砂，称量瓶（30 mm × 60 mm），容量瓶（10 mL）。

【试剂】

乙酸乙酯（分析纯）、连二亚硫酸钠（$Na_2S_2O_4$，分析纯，粉末）、10 g/L TTC 溶液、4 g/L TTC 溶液、磷酸缓冲液（1/15 mol/L，pH 7.0）、1 mol/L 硫酸（用量筒量取相对密度为 1.84 的浓硫酸 55 mL，边搅拌边加入盛有 500 mL 蒸馏水的烧杯中，冷却后稀释至 1 000 mL）、0.4 mol/L 琥珀酸钠［称取琥珀酸钠（含 6 个结晶水）10.81 g，溶于蒸馏水中，定容至 100 mL］。

【方法与步骤】

1. 定性测定

（1）配制 TTC 反应液　将 10 g/L TTC 溶液、0.4 mol/L 琥珀酸钠和磷酸缓冲液按 1∶5∶4 体积比混合。

（2）TTC 反应　将玉米幼根仔细洗净，把地上部分从茎基切除，将根放入三角瓶中，倒入反应液，以浸没根为度，置于 37℃左右暗处 1 h，以观察着色情况，新根尖端几毫米以及细侧根都明显地变成红色，表明该处有脱氢酶存在。

2. 定量测定

（1）TTC 标准曲线的制作　吸取 0.25 mL 4 g/L TTC 溶液放入 10 mL 容量瓶，加少许 $Na_2S_2O_4$ 粉末，摇匀后立即产生红色的 TTF。再用乙酸乙酯定容至刻度，摇匀。然后分别取此液 0.25 mL、0.50 mL、1.00 mL、1.50 mL、2.00 mL，置于 10 mL 容量瓶中，用乙酸乙酯定容至刻度，即得到分别含 TTC 25 μg、50 μg、100 μg、150 μg、200 μg 的标准比色系列，以乙酸乙酯做参比，在 485 nm 波长下测定吸光度，绘制标准曲线。

彩图 2-6 玉米幼苗根尖 TTC 反应

（2）TTC 反应 称取根样品 0.5 g，放入称量瓶（空白试验先加硫酸再加入根样品，其他操作相同），加入 4 g/L TTC 溶液和磷酸缓冲液的等体积混合液 10 mL，使根充分浸没在溶液内，在 37℃下暗处保温 1 h，此后加入 1 mol/L 硫酸 2 mL，以终止反应。

视频 2-8 分光光度计的使用

（3）比色 把根取出，吸干水分后与乙酸乙酯 3 ~ 4 mL 和少量石英砂一起磨碎，以提取出 TTF。把红色提取液移入试管，用少量乙酸乙酯洗涤残渣 2 ~ 3 次，皆移入试管，最后加入乙酸乙酯定容为 10 mL，用分光光度计在 485 nm 下比色，以空白作参比读出吸光度，查标准曲线，求出 TTC 还原强度。

（4）计算 以脱氢酶对 TTC 的还原强度表示根系活力大小，TTC 还原强度以每克组织每小时的 TTC 还原量来计算。将所得数据带入公式，求出 TTC 还原强度。

$$\text{TTC 还原强度}\ [\mu g/(g \cdot h)] = m_1/(m_0 \times t)$$

式中，m_1 为 TTC 还原量（μg）；m_0 为样品根的质量（g）；t 为反应时间（h）。

【思考题】

反应中加入硫酸、琥珀酸或延胡索酸、苹果酸各起何作用？

（刘新）

实验 7 硝酸还原酶活性的测定

硝酸还原酶（nitrate reductase，NR）是植物氮素代谢作用中的关键酶，它与作物吸收和利用氮肥有关，对农作物产量和品质有重要影响，因而硝酸还原酶活性被当作植物应用或农田施肥的指标之一，也可作为品种选育的指标之一。

【实验原理】

教学课件 2-5 硝酸还原酶活性的测定

硝酸还原酶是植物氮代谢中的关键酶。植物吸收的硝酸根离子，首先通过硝酸还原酶的催化，被还原成亚硝酸根离子。其反应式如下：

$$NO_3^- + NADH + H^+ \xrightarrow{NR} NO_2^- + NAD^+ + H_2O$$

产生的亚硝酸根离子可以从组织内渗到外界溶液中，测定反应液中亚硝酸根离子的含量，通过一定公式就可计算得硝酸还原酶活性的大小。

亚硝酸根离子测定用比色法。此法灵敏，能检测出每毫升含 0.5 μg 的 $NaNO_2$。其反应如下：

$$\text{对氨基苯磺酸（或磺胺）} + 2H^+ + NO_2^- + Cl^- \longrightarrow \text{叠氮化合物} + 2H_2O$$

$$\text{叠氮化合物} + \alpha-\text{萘胺（或盐酸萘乙二胺）} \longrightarrow \text{偶氮化合物（红色）} + HCl$$

生成的红色偶氮化合物在 520 nm 波长处比色，其吸光度值与 NO_2^- 含量成正比。

【实验用品】

1. 材料

待测植物组织。

2. 用品

分光光度计，真空泵，扭力天平，恒温培养箱，真空干燥器，试管，移液管，烧杯，吸水纸。

3. 试剂

（1）0.2 mol/L 硝酸钾　溶解 10.11 g 硝酸钾于蒸馏水中，定容至 500 mL。

（2）0.1 mol/L pH 7.5 的磷酸缓冲液　A 液：0.2 mol/L NaH_2PO_4，取 NaH_2PO_4 27.8 g，加蒸馏水溶解并定容至 1 000 mL；B 液：0.2 mol/L Na_2HPO_4，取 $Na_2HPO_4 \cdot 12\ H_2O$ 71.7 g，加蒸馏水溶解并定容至 1 000 mL。取 A 液 16 mL、B 液 84 mL，混合后用蒸馏水稀释至 200 mL。

（3）10 g/L 对氨基苯磺酸溶液　取对氨基苯磺酸（或磺胺）1 g，加 3 mol/L 盐酸溶解后，用蒸馏水稀释至 100 mL。

（4）0.2 g/L 盐酸萘乙二胺溶液。

（5）亚硝酸钠标准液　称取 $NaNO_2$（分析纯）0.1 g，用蒸馏水溶解并定容至 100 mL，然后从中吸取 5 mL，再用蒸馏水稀释至 1 000 mL，即为 5 μg/mL $NaNO_2$ 标准液。

【方法与步骤】

1. 取样

随机取样 5 ~ 10 株，选取叶片、剪下、水洗，用吸水纸擦干表面水分，用剪刀剪成长约 0.5 cm 的小段，在蒸馏水中冲洗 2 ~ 3 次，吸干表面水分。迅速称取 4 份，各 0.5 g，分别置于 4 支试管，编号。以 1、2 号管作对照，各加 5 mL pH 7.5 的磷酸缓冲液和 5 mL 蒸馏水；以 3、4 号管作处理，各加 5 mL pH 7.5 的磷酸缓冲液和 5 mL 0.2 mol/L 的硝酸钾。然后将试管置于真空干燥器中，接上真空泵，抽气 10 ~ 15 min，放气后，叶片浸入溶液中，将试管置于 35℃恒温培养箱中，准确计时使酶在暗处反应 30 min。

2. $NaNO_2$ 含量测定

反应 30 min 后，分别取出 1 mL 反应液于试管中，加入 10 g/L 对氨基苯磺酸（或磺胺）2 mL，混匀。再加入盐酸萘乙二胺（或 α- 萘胺）溶液 2 mL，混匀。在 35℃恒温培养箱中保温 30 min。用分光光度计以绘制标准曲线的 1 号管作空白，在 520 nm 波长处比色。记录吸光度值，从标准曲线上查找 $NaNO_2$ 含量，换算为 NO_2^- 含量，计算酶的活性，以每小时每克鲜重生成的 NO_2^- 质量（μg）表示［μg/（g·h）］。

3. 绘制标准曲线

取 7 支试管，编号，按表Ⅱ-4 顺序加入试剂，每加完一种试剂，摇动试管，使之混匀。待所有试剂加完后，将各试管置于 35℃恒温培养箱中保温 30 min，立即于 520 nm 波长处进行比色，1 号管作为空白。记录吸光度值，以吸光度值为纵坐标，$NaNO_2$ 含量为横坐标，绘制标准曲线。

表Ⅱ-4　硝酸还原酶活性测定各试管加入的试剂量

试剂	管号						
	1	2	3	4	5	6	7
5 μg/mL $NaNO_2$ 标准液 /mL	0	0.1	0.2	0.4	0.6	0.8	1
蒸馏水 /mL	1	0.9	0.8	0.6	0.4	0.2	0
10 g/L 对氨基苯磺酸（或磺胺）/mL	2	2	2	2	2	2	2

续表

试剂	管号						
	1	2	3	4	5	6	7
盐酸萘乙二胺（或 α- 萘胺）/mL	2	2	2	2	2	2	2
每管含 $NaNO_2$ 的质量 /μg	0	0.5	1	2	3	4	5

$$硝酸还原酶活性[\mu g/(g\cdot h)] = \frac{m_1\times(46/69)\times(V_0/V_1)}{m_2\times t}$$

式中，V_0 为反应液的体积（mL）；V_1 为测定时所用反应液的体积（mL）；m_1 为每管含 $NaNO_2$ 的质量（μg）；m_2 为材料鲜重（g）；t 为反应时间（h）。

注意事项：

（1）亚硝酸的磺胺比色法比较灵敏，显色速度受温度和酸度等因素的影响。因此，标准液与样品液的测定应在相同条件下进行，方可比较。

彩图 2-7 硝酸还原酶活性测定时的注意事项

（2）取样前，叶片需进行一段时间的光合作用，以积累糖类，否则酶活性偏低。水稻中缺乏硝酸还原酶，可在取样前一天在培养液中加入 50 mmol/L KNO_3（或 $NaNO_3$），以诱导硝酸还原酶的生成。

【思考题】

1. 硝酸还原酶活性测定时取样前为什么要进行一段时间光合作用？测定酶促反应时为什么要在暗处保温？

2. 硝酸还原酶活性测定时加入对氨基苯磺酸（或磺胺）、盐酸萘乙二胺和 KNO_3 的作用各是什么？

（赵方贵）

实验 8 谷氨酰胺合成酶活性的测定

植物从土壤中直接吸收或由硝酸盐还原形成的氨在植物体内会被迅速用于氨基酸或酰胺的合成，铵或氨态氮的积累会对植物细胞造成毒害。谷氨酰胺合成酶（glutamine synthetase，GS）是氨同化的关键酶之一，普遍存在于各种植物组织中，对氨有很高的亲和力，因此能迅速将植物体内的氨同化，防止氨积累而造成的毒害。

【实验原理】

在 ATP 和 Mg^{2+} 存在条件下，谷氨酰胺合成酶催化植物体内谷氨酸形成谷氨酰胺。在反应体系中，谷氨酰胺转化为 γ- 谷氨酰基异羟肟酸，进而在酸性条件下与铁形成红色的络合物，该络合物在 540 nm 处有最大吸收峰，可用分光光度计测定。谷氨酰胺合成酶活性可用 γ- 谷氨酰基异羟肟酸与铁络合物的生成量来表示，所用单位表示为 μmol/(mg·h)；也可间接用 540 nm 处吸光度值（A）的大小来表示，单位为 A/(mg·h)。

【实验用品】

1. 材料

植物的叶片和根等。

2. 用品

冷冻离心机，分光光度计，荧光灯，天平，研钵，恒温水浴锅，剪刀，移液管，微量进样器，试管或指形管数支。

3. 试剂

（1）提取缓冲液（0.05 mol/L Tris-HCl，pH 8.0）　内含 2 mmol/L Mg^{2+}，2 mmol/L DTT，0.4 mol/L 蔗糖。称取 1.529 5 g 三羟甲基氨基甲烷（Tris）、0.124 5 g $MgSO_4 \cdot 7H_2O$、0.154 3 g 二硫苏糖醇（DTT）和 34.25 g 蔗糖，无离子水溶解后，用 0.05 mol/L HCl 调节 pH 至 8.0，最后定容至 250 mL。

（2）反应混合液 A（0.1 mol/L Tris-HCl 缓冲液，pH 7.4）　内含 80 mmol/L Mg^{2+}，20 mmol/L 谷氨酸钠盐，20 mmol/L 半胱氨酸和 2 mmol/L EGTA。称取 3.059 0 g Tris、4.979 5 g $MgSO_4 \cdot 7H_2O$、0.862 8 g 谷氨酸钠盐、0.605 7 g 半胱氨酸、0.192 0 g EGTA，无离子水溶解后，用 0.1 mol/L HCl 调 pH 至 7.4，定容至 250 mL。

（3）反应混合液 B（含盐酸羟胺，pH 7.4）　反应混合液 A 的成分中再加入 80 mol/L 盐酸羟胺，调节 pH 至 7.4。

（4）显色剂［0.2 mol/L 三氯乙酸（TCA），0.37 mol/L $FeCl_3$ 和 0.6 mol/L HCl 的混合液］　称取 3.317 6 g TCA 和 10.102 1 g $FeCl_3 \cdot 6H_2O$，无离子水溶解后，加 5 mL 浓盐酸，定容至 100 mL。

（5）40 mmol/L ATP 溶液　0.121 0 g ATP 溶于 5 mL 无离子水中（临用前配制）。

（6）考马斯亮蓝 G-250 溶液　称取 100 mg 考马斯亮蓝 G-250，溶于 50 mL 90% 乙醇中，加入 100 mL 85% 磷酸，最后用蒸馏水定容至 1 000 mL，保存于棕色瓶中。此溶液在常温下可保存 1 个月。

【方法与步骤】

1. 粗酶液的提取

称取 1.0 g 植物材料（根和叶片）于研钵中，加入 3 mL 提取缓冲液，置冰浴上研磨为匀浆，转移至离心管中，于 4℃下 15 000 r/min 离心 20 min，上清液即为粗酶液。

2. 反应

吸取 1.6 mL 反应混合液 B，加入 0.7 mL 粗酶液和 0.7 mL ATP 溶液，混匀，于 37℃下保温 0.5 h，加入 1 mL 显色剂，摇匀并放置片刻后，于 5 000 r/min 离心 10 min，取上清液于 540 nm 处测定吸光度值，以加入 1.6 mL 反应混合液 A 的为对照。

3. 蛋白质含量的测定

吸取样品提取液（粗酶液）0.1 mL，放入具塞刻度试管中（设 2 个重复，空白以 0.1 mL 缓冲液代替），加入 5 mL 考马斯亮蓝 G-250 溶液，封口，充分混合后放置 20 min，在 595 nm 下比色，记录吸光度值，计算蛋白质含量（考马斯亮蓝法）。

4. 蛋白质含量的计算

$$蛋白质含量（mg/g）=（m_1 \times V_0）/（V_1 \times m_0）$$

式中，m_1 为通过标准曲线查得的每管中蛋白质含量（mg）；V_0 为样液总体积（mL）；V_1 为测定时提取液的体积（mL）；m_0 为样品质量（g）。

5. 结果计算

$$谷氨酰胺合成酶活性［A/(mg \cdot h)］= A/(\rho \times V \times t)$$

式中，A 为 540 nm 处的吸光度值；ρ 为粗酶液中可溶性蛋白含量（mg/mL）；V 为反应体系中加入粗酶液的体积（mL）；t 为反应时间（h）。

【思考题】

1. 酶液提取时为什么要在冰浴上研磨？
2. 不同植物的根和叶片中谷氨酰胺合成酶活性存在差异的可能原因是什么？

（杨德翠）

实验 9 原子吸收光谱法测定植物体 K^+ 含量

钾元素是植物的必需元素，是肥料的三要素之一。钾是细胞内 60 余种酶的活化剂，广泛参与各种代谢活动；K^+ 是大多数植物细胞中含量最多的无机离子，是调节植物细胞渗透势最重要的组分，对气孔开放有直接作用；钾能促进糖类的合成和运输，提高原生质体的水合程度，对细胞吸水和保水有很大作用，可以提高植物的抗旱和抗寒能力。因而，钾元素的供应状况对植株的生长发育和抗逆性强弱具有重要影响。目前，K^+ 含量的测定方法主要有离子色谱法、火焰光度法和原子吸收光谱（atomic absorption spectrometry，AAS）法等，离子色谱法和原子吸收法具有精密度高、准确度好的特点。

【实验原理】

原子吸收光谱分析的波长区域在近紫外区，将光源辐射出的待测元素的特征光谱通过样品的蒸汽被待测元素的基态原子所吸收，根据发射光谱被减弱的程度，进而求得样品中待测元素的含量，它符合朗伯 - 比尔定律：

$$A = -\lg I/I_0 = -\lg T = KcL$$

由于 L 是不变的（比色杯厚度为 1 cm），因此：

$$A = Kc$$

式中，I 为透射光强度；I_0 为发射光强度；T 为透射比；L 为光通过原子化器光程。A 为吸光度；K 为该元素的比吸收系数；c 为溶液中元素浓度。

【实验用品】

1. 材料

小麦、烟草或玉米幼苗。

2. 用品

火焰原子吸收光谱仪，摇床，马弗炉，离心机，分析天平，微孔滤膜（0.25 ~ 0.4 μm）

和三角瓶（50 mL）等。

3. 试剂

HCl，KCl 和 HNO_3（分析纯）等。

【方法与步骤】

1. 标准曲线

根据测定材料选取适当范围内的若干个 K^+ 浓度，一般可设定为：0、10 μmol/L、25 μmol/L、50 μmol/L、100 μmol/L，由 KCl 配制而成。进行测定后绘制标准曲线。

2. 材料处理

（1）酸处理　取小麦幼苗 0.5 g，放入加有 30 mL 1 μmol/L HCl 的三角瓶中，将三角瓶置于摇床上摇 12 h 左右，取出后用微孔滤膜过滤或 4 000 r/min 离心，取上清液定容至 50 mL，进行吸收光谱测定。

（2）灰分处理　称取 0.5 g 材料放入 500℃左右的马弗炉中 6 ~ 7 h，取出后加入重蒸水 30 mL 摇匀，过滤或离心取上清液定容至 50 mL，进行吸收光谱测定。

3. 仪器操作

（1）开机顺序　打开风机→打开泵→打开原子吸收开关子电脑，进入 Aas 程序→打开回流冷凝水龙头→打开乙炔气→通过电脑检测各项准备是否齐全（冷凝水、乙炔气、防回火装置等）→检测完毕，打开点火开关 →用蒸馏水或重蒸水清洗约 3 min，直至火焰呈现蓝色，并且通过电脑监控系统的 Monitor 界面看到测量曲线呈水平直线。

（2）参数设定　根据待测离子类型（Na^+、K^+ 或 Ca^{2+}）设定合适的测量参数（详见仪器说明书）。以测定 K^+ 为例具体说明。设定完毕后，一定要按“Verify”键，只有确认以后，仪器才会按当前设定操作。

（3）关机顺序　测定完毕以后，用 50 ~ 100 g/L 的 HNO_3 溶液清洗约 3 min，直至火焰呈现蓝色，然后用蒸馏水或重蒸水清洗约 3 min，直至通过电脑监控系统的 Monitor 界面看到测量曲线呈水平直线，最后干烧 1 ~ 2 min，关掉火焰。

开始关机：退出程序，安全关闭计算机→关闭原子吸收开关→关闭乙炔气→关闭泵→关闭水龙头→关闭风机→待机器冷却以后，盖上覆盖物以防浮尘。

（4）日常维护　每次测量完毕一定要按要求清洗仪器；每月卸下火焰头检查是否需要用盐酸（1∶1）浸泡清洗；每月定期打开泵放出废液。

最后根据标准曲线计算得到样品的含量。

【思考题】

1. 用原子吸收光谱法测定植物中的 K^+ 含量有何优点？有哪些注意事项？

2. 不同 pH 环境对植物钾离子吸收的作用是什么？

（车永梅）

实验 10　高效液相色谱法测定植物组织中硝态氮含量

氮作为植物所必需的大量营养元素之一，在植物的生长发育过程中发挥着非常重要的作用。在农业生产中，氮营养更是直接影响了农作物的产量和品质。植物从土壤中吸收的无机氮源主要是 NO_3^-，因此植物体内 NO_3^- 含量不仅能够反映植物的氮素营养情况，而且能反映土壤中硝态氮供应情况，可作为土壤氮肥的施用指标，对科学施肥具有重要的参考价值。目前 NO_3^- 含量的测定方法主要有分光光度法、离子色谱法和高效液相色谱法等，其中高效液相色谱法具有快速、准确、精密度高、线性范围宽等优点。

【实验原理】

液体样品被注入色谱柱，由压力驱动在固定相中移动，样品中不同物质与固定相互作程度不同，而使其以不同速率移动，最终分别离开色谱柱，从而在检测器呈现不同的峰信号，通过分析比对信号间的保留时间可以判断待测物质的类型，同时也可以通过峰值的高低定性或定量所测不同物质的含量。

【实验用品】

1. 材料

拟南芥、玉米或水稻幼苗。

2. 用品

高效液相色谱仪，阴离子检测专用色谱柱，球磨仪，分析天平，离心机，超低温冰箱，容量瓶，0.22 μm 微孔滤膜等。

3. 试剂

超纯水，液氮，30 mmol/L KOH 溶液，分析纯 KNO_3 等。

【方法与步骤】

1. 绘制标准曲线

（1）首先准备硝态氮标准溶液，根据测定材料选取适当范围内的若干个 NO_3^- 浓度，以玉米为例，可设定为：0、10 μmol/L、20 μmol/L、40 μmol/L、60 μmol/L、80 μmol/L。

（2）仪器参数设定：将淋洗液设定为 30 mmol/L KOH，流动相流速设定为 1 mL/min，离子抑制器电流设定为 75 mA，检测器设定为电导检测器，调用阴离子测定仪器方法，设定样品分析序列，提交样品分析序列。

（3）把系列标准液分别置于超高效液相色谱仪自动进样器上，依次进样，记录 NO_3^- 离子的保留时间和色谱峰面积，以 NO_3^- 浓度为横坐标，以色谱峰面积为纵坐标绘制标准工作曲线。

2. 材料处理

（1）将取好的植物冠部或根部材料用超纯水冲洗 3 ~ 4 次，用吸水纸吸干表面的水分，称取鲜重 0.1 g，放入 2 mL 离心管，并在其侧面标明材料名称、材料部位以及处理条件，在液氮中预冷后于球磨机中研磨成粉末。

（2）向盛有材料的离心管加入超纯水，超纯水的体积根据鲜重和培养条件而定，10 mg

的材料需加 300 μL 超纯水。

（3）沸水中加热 20 min，冷却，放入 −80℃超低温冰箱中冷冻 24 h 后，将样品拿出解冻后，4℃，14 000 r/min 离心 10 min，用 0.22 μm 微孔滤膜过滤上清液至进样小瓶。

（4）把装有待测溶液的进样小瓶置于超高效液相色谱的自动进样器上，测定溶液的 NO_3^- 浓度，计算植株的 NO_3^- 含量，计算公式如下：

$$NO_3^- 含量（\mu mol/g）= C \times V/m$$

式中：C 为测定值（mmol/L）；V 为溶液体积（mL）；m 为材料鲜重（g）。

注意事项：

1. 待测实验材料需要使用超纯水严格清洗 3 ~ 4 次，以去除材料表明残留的 NO_3^- 离子。

2. 待测液必须经过 0.22 μm 微孔滤膜过滤，防止仪器管路阻塞。

3. 进行分析之前，检查进样小瓶底部是否有气泡，如果有气泡，需轻柔甩动进样小瓶排出底部气泡。

【思考题】

1. 简述测定植物组织中 NO_3^- 含量的生物学意义。

2. 植物吸收氮素营养的主要形式是什么，植物缺氮会表现出哪些症状？

（叶青）

实验 11　植物根系 $^{15}NO_3^-$ 瞬时吸收速率测定

土壤中的硝态氮是植物最主要的氮源，硝态氮不仅是重要的营养物质，也作为信号物质参与植物的代谢和生长发育。根系对 NO_3^- 的吸收直接影响了植物生长及产量。因此研究植物是如何吸收、转运 NO_3^-，提高植物氮肥吸收和利用率，既能减少化肥使用，保护生态环境，也对提高作物产量和品质具有重大理论和实践价值，是全世界广泛关注的农业问题。

【实验原理】

稳定同位素示踪技术是当前环境、生态和农业领域研究中的一项重要技术。^{15}N 稳定同位素作为一种示踪剂，由于其不具放射性，没有衰变，在分离、标记化合物合成及后续相关研究中均不需要防护，可以在大田进行农作物整个生育期的研究试验，操作简便，使用安全，为研究植物生长发育过程中氮素营养的吸收、分配和利用规律提供新的方法和手段。其原理主要是从固体或液体样品中提取出 NO_3^- 后，在与元素分析仪联用的质谱仪（EA–IRMS）上经过一系列燃烧、氧化和还原过程，将其转化为 N_2，最后纯化后的 N_2 经质谱测定其 ^{15}N 和 ^{14}N 丰度。

【实验用品】

1. 材料

溶液培养、砂基培养或气雾培养的拟南芥、玉米或水稻幼苗。

2. 用品

稳定同位素质谱仪（EA–Delta Plus XP），高温干热烘箱，分析天平，烧杯，塑料管、吸水纸等。

3. 试剂

超纯水，0.2 mmol/L $K^{15}NO_3$ 溶液，0.1 mmol/L $CaSO_4$ 溶液等。

【方法与步骤】

1. 挑取生长状态一致的待测植株幼苗，将根部完全浸泡于 0.1 mmol/L $CaSO_4$ 溶液中，计时 1 min。

2. 取出幼苗，用吸水纸把幼苗根部表面溶液轻轻吸干，将根部完全浸泡于 0.2 mmol/L $K^{15}NO_3$ 溶液中，计时 10 min。

3. 标记结束后，取出幼苗，迅速将根部再放入干净的 0.1 mmol/L $CaSO_4$ 溶液中清洗 1 min，用超纯水清洗植株 3 遍，用吸水纸吸干幼苗根部表面所有水分。

4. 将幼苗根部剪下放入干净的塑料管中，在烘箱 105℃杀青 30 min 后，80℃烘干至恒重，用分析天平称量材料干重并记录。

5. 将干燥后的样品研磨成均匀的粉末，称量适量样品用锡箔纸包裹，用稳定同位素质谱仪（EA-Delta Plus XP）检测根中 ^{15}N 与 ^{14}N 的比值（$^{15}N/^{14}N$）及总 N 占干重的百分比（N%）。

6. 利用测定的 ^{15}N 所占干重的百分比，计算植株从外界吸收 $K^{15}NO_3$ 的速率，计算公式如下：

$$^{15}NO_3^- \text{吸收速率}[\mu mol/(g \cdot L)] = \frac{N\% \times 0.01 \times (^{15}N/^{14}N - 0.366) \times 6 \times 10^5}{15}$$

式中，$^{15}NO_3^-$ 吸收速率指单位时间内 NO_3^- 中的 ^{15}N 吸收速率；N% 为根系总 N 含量占干重的百分比；$^{15}N/^{14}N$ 指根中 ^{15}N 与 ^{14}N 的比值；0.366 是天然 ^{15}N 丰度标准值；15 是标记 N 的分子量。

注意事项：

（1）待测样品进行 ^{15}N 标记前需要使用 0.1 mmol/L $CaSO_4$ 溶液清洗。

（2）样品检测前需要经过烘箱烘干至恒重。

【思考题】

1. 使用 0.1 mmol/L $CaSO_4$ 溶液清洗根系的目的是什么？

2. 简述测定植物根系 NO_3^- 吸收速率的生物学意义。

3. 植物体内有哪些硝态氮吸收转运系统，分为哪几类，具体的代表性成员有哪些？

（叶青）

实验 12　植物总磷含量测定

磷作为植物必需的大量元素之一，是核酸、核蛋白和磷脂等生物大分子的重要组成成分，广泛参与植物的能量代谢和物质代谢，在植物生长发育过程中发挥重要作用。植物根系吸收的无机磷通过木质部运输到地上部组织和器官，大部分参与物质合成，一部分则以无机磷形式参与植物生命活动过程，因此植物体内总磷含量不仅能够反映植物的磷营养情况，而且能反映土壤中无机磷的供应情况，可作为土壤磷肥的施用指标，对合理施肥具有重要的参考价值。

【实验原理】

植物样品经烘干、灰化和盐酸浸提后，各种形态的含磷化合物转化成磷酸盐，在酸性条件下，正磷酸能与偏钒酸和钼酸发生反应，形成黄色的三元杂多酸——钒钼磷酸。溶液的黄色很稳定，其深浅与磷含量呈正比，用比色法测定磷含量，比色时可根据溶液磷的浓度选择波长 400 ~ 490 nm，磷浓度较高时选用较长的波长，较低时选用较短的波长。此法的优点是操作简便，可在室温下显黄色，且黄色稳定，正常室温变化范围内对黄色的强度无影响，黄色发生很快，最初的 15 min 内会降低约 1.3%，以后 2 h 内很稳定，24 h 内无显著变化。此反应在 HNO_3、HCl、$HClO_4$ 和 H_2SO_4 等介质中都适用，对酸度和显色剂浓度的要求也不十分严格，干扰物小。在可见光范围内灵敏度较低，适测浓度范围广（1 ~ 20 mg/L），故广泛应用于含磷较高且变幅较大的植物和肥料样品中磷的测定。

【实验用品】

1. 材料

拟南芥、玉米或水稻幼苗。

2. 用品

连续波长酶标仪，高温干热烘箱，马弗炉，分析天平，坩埚，烧杯，离心管，移液器，96 孔酶标板等。

3. 试剂

（1）0.1 N HCl　取 8.6 mL 浓 HCl，加超纯水定容至 1 L（浸泡坩埚的 0.1 N HCl 用单蒸水配制即可）。

（2）钒钼酸铵显色液　25 g 钼酸铵［$(NH_4)_6Mo_7O_2 \cdot 4H_2O$，分析纯］溶于 400 mL 水中；另将 1.25 g 偏钒酸铵（NH_4VO_3，分析纯）溶于 300 mL 沸水中（可将药品放入常温水中，将容器放入沸水中，加热使其溶解），冷却后加入 250 mL 浓 HNO_3（分析纯）；将钼酸铵溶液缓慢加入钒酸铵溶液中，并不断搅拌，加水定容至 1 L，避光常温保存（以上所用水均为超纯水）。

（3）1 mmol/L KH_2PO_4 标准溶液　0.143 g KH_2PO_4（分析纯）溶于 80 mL 超纯水中，不断搅拌溶解，然后加水定容至 100 mL。

【方法与步骤】

1. 材料处理

用超纯水清洗待测材料表面 3 ~ 4 次，充分吸干样品表面水分后放于牛皮纸袋中，将袋口封好并标记，放于 80℃烘箱烘干至恒重。

2. 清洗坩埚

坩埚使用前需要用 0.1 N HCl 浸泡 24 h 以上，用超纯水冲洗 3 ~ 4 遍后倒置在吸水纸上，放入 80℃烘箱烘干表面水分后备用。

3. 称量

用分析天平称量材料干重并记录，将称量的所有材料放于干净的坩埚中。

4. 灰化

将装有待测样品的坩埚放入马弗炉，300℃炭化 1 h，575℃灰化 14 h。为使材料充分炭化，可根据材料干重调整炭化时间。

5. 浸提

待坩埚冷却后，向坩埚中加入 0.1 N HCl，根据样品量调整加入 HCl 的体积。用移液器将样品吹吸均匀后将样品转移到 10 mL 离心管中进行浸提，浸提至少 12 h。

6. 显色

将浸提液稀释后加入钒钼酸铵显色液。160 μL 浸提液中加入 40 μL 钒钼酸铵显色液，使用移液器吹吸，充分混匀，室温放置 30 min。

7. 吸光值测定

吸取 200 μL 反应好的溶液到 96 孔酶标板中，在连续波长酶标仪 410 nm 波长下测定吸光值。

8. 标准曲线制作

取 7 支 1 mL 离心管，编号，按表Ⅱ–5 加入各种试剂。使用移液器吹吸，充分混匀，室温放置 30 min。以 7 号管为空白，在连续酶标仪 410 nm 波长下测定其他各管的吸光度值。以 PO_4^{3-} 含量为横坐标，吸光度值为纵坐标，绘制标准曲线。

9. 结果计算：根据标准曲线计算测定液中总磷含量，按下式计算样品中总磷含量：

$$总磷含量（\mu mol/g）= C \times (V_1/m) \times (V_3/V_2)/1\ 000$$

式中，C 为测定值（mmol/L）；V_1 为浸提液总体积（mL）；V_2 为吸取浸提液的体积（mL）；V_3 为显色后溶液总体积（mL）；m 为材料干重（g）。

表Ⅱ–5　钼黄法测定总磷含量标准曲线配制表

试剂	管号						
	1	2	3	4	5	6	7
标准浓度/（$mmol \cdot L^{-1}$）	0	100	200	300	400	500	0
1 mmol/L KH_2PO_4溶液/μL	0	100	200	300	400	500	0
0.1 N HCl溶液/μL	800	700	600	500	400	300	0
ddH_2O/μL	0	0	0	0	0	0	800
钒钼酸铵显色液/μL	200	200	200	200	200	200	200

注意事项：

（1）马弗炉属于高温仪器，使用前，检查周围是否有可燃物品，如果有，需及时拿走。

（2）马弗炉使用时，需在旁边标明“马弗炉正在使用中，请勿靠近”。

（3）灰化所用坩埚必须经用 0.1 N HCl 浸泡 24 h 以上，用超纯水冲洗 3 ~ 4 遍后烘干使用，同时检查确认完好无损，避免使用有裂缝的坩埚。

（4）将坩埚摆放好后，确认关好马弗炉的门后方可进行灰化，灰化完毕后，待马弗炉温度降至常温方可打开门取出坩埚（一般是白天灰化，过夜降温，第二天早上打开）。

（5）待测实验材料需要使用超纯水严格清洗 3 ~ 4 次，以去除材料表明残留的含磷物质。

【思考题】

1. 使用 0.1 N HCl 浸泡 24 h 清洗坩埚的作用是什么？

2. 植物缺磷会表现出哪些症状？

（叶青）

实验 13　植物无机磷含量测定

磷以无机离子形式被植物吸收和利用，主要有 $H_2PO_4^-$ 和 HPO_4^{2-} 等形式，尽管土壤中存在着大量的磷，但施入土壤的磷肥被雨水淋失，易被土壤中金属阳离子固定或被微生物转化为植物无法吸收的有机磷，因而磷肥的当季利用效率极低，一般低于 30%。大部分土壤中植物可直接吸收的磷酸盐含量通常低于 10 μmol/L，远低于植物组织中无机磷的含量（5 ~ 20 mmol/L），因此全世界大约 70% 的土壤处于缺磷状态。植物吸收的无机磷除了用于合成含磷有机物，主要以无机磷的形式参与代谢或储存于液泡中。磷在植物体内易于移动，可以被植物重复利用。无机磷含量变化可以反映植物对磷的吸收转运能力和体内磷代谢水平。

【实验原理】

无机磷含量测定常用方法是钼蓝法。其原理是：在一定酸性条件下，磷酸与钼酸铵作用生成磷钼酸铵，磷钼酸铵被抗坏血酸还原后生成蓝色的钼蓝。无机磷含量与钼蓝的产生量呈线性关系，无机磷含量越高，产生的钼蓝含量越高，蓝色越深。利用连续波长酶标仪在 820 nm 波长下进行测定，计算得出无机磷含量。

【实验用品】

1. 材料

拟南芥、玉米或水稻幼苗。

2. 用品

连续波长酶标仪，球磨仪，分析天平，离心机，恒温水浴锅，超低温冰箱，酶标板和移液器等。

3. 试剂

（1）无机磷提取液（1 L）　1 mol/L Tris–HCl（pH8.0）10 mL，0.5 mol/L EDTA（pH8.0）2 mL，NaCl 5.844 g，β– 巯基乙醇 700 μL。

使用时量取所需体积，加入 1 mmol/L PMSF（现用现加）。

（2）1% 无水乙酸（1 L）　无水乙酸 10 mL，加入 ddH_2O 990 mL。

（3）1 mol/L KH_2PO_4（100 mL）　KH_2PO_4 13.609 g，加入 ddH_2O，定容至 100 mL。

（4）钼酸铵显色液（1 L）　$(NH_4)_6Mo_7O_{24}\cdot 4H_2O$ 3.5 g，98% H_2SO_4 23.39 mL，加入 ddH_2O，定容至 1 L。

根据样品数量，量取所需体积的显色液，加入 1.4% 抗坏血酸（现用现加）。

【方法与步骤】

1. 材料处理

用超纯水清洗待测材料表面 3 ~ 4 次，将植物材料表面的水分吸干后放入 2 mL 离心管中，迅速称量鲜重 0.1 g，记录数据并做好标记，加入钢珠后液氮速冻。

2. 材料研磨

在液氮中用球磨仪将材料充分研磨，研磨过程中样品保持冷冻状态（保持冷冻状态可以使材料研磨更充分，使细胞壁和细胞膜破裂从而释放无机磷）。

3. 无机磷提取

按每 10 mg 样品加入 100 μL 提取液的比例，在样品管中加入无机磷提取液 1 mL，上下颠倒混匀，使样品均一化。用移液器将样品吸到装有 7 mL 1% 无水乙酸的 15 mL 离心管中。由于此时原样品管中沾有样品，再用移液器吸取 1 mL 无水乙酸到样品管中，上下颠倒清洗样品管，将样品吸至离心管中，重复清洗 2 次，此时离心管中无水乙酸的体积为 7 mL，溶液总体积为 10 mL。小心颠倒混匀，42℃水浴反应 30 min，4℃，12 000 r/min 离心 15 min。

4. 显色

取 150 μL 上清液加入 350 μL 钼酸铵显色液中，用移液器吹吸，充分混匀，42℃水浴反应 30 min。

5. 吸光值测定

分别吸取 200 μL 标准样品和实验样品加入 96 孔酶标板中，用连续波长酶标仪在 820 nm 波长下测定吸光值，根据标准曲线计算样品的无机磷含量。

6. 标准曲线制作

取 7 支 1 mL 离心管，编号，按表Ⅱ-6 加入各种试剂。使用移液器吹吸，充分混匀，室温放置 30 min。以 1 号管为空白对照管，在连续波长酶标仪 820 nm 波长下比色测定其他各管的吸光度值。以 PO_4^{3-} 含量为横坐标，吸光度值为纵坐标，绘制标准曲线。

表Ⅱ-6 钼蓝法测定无机磷浓度标准曲线配制表

试剂	管号								
	1	2	3	4	5	6	7	8	9
标准浓度/（μmol · L^{-1}）	0	10	20	30	40	50	60	70	80
1 mmol/L KH_2PO_4/μL	0	10	20	30	40	50	60	70	80
无机磷提取液/μL	300	290	280	270	260	250	240	230	220
钼酸铵显色液/μL	700	700	700	700	700	700	700	700	700

7. 结果计算

根据标准曲线计算测定液中无机磷含量，按下式计算样品中无机磷含量：

$$无机磷含量（nmol/g）= C \times (V_1/m) \times (V_3/V_2) /1\ 000$$

式中，C 为测定值（mmol/L）；V_1 为浸提液总体积（mL）；V_2 为吸取浸提液体积（mL）；V_3 为显色后溶液总体积（mL）；m 为材料鲜重（g）。

注意事项：

（1）待测实验材料、实验操作过程中用到的器皿必须使用超纯水清洗 3 ~ 4 次，以去除表面残留的磷酸盐分子。

（2）植物材料研磨过程中必须始终保持冷冻状态。

（3）钼酸铵显色液在进行显色反应前加入抗坏血酸。

【思考题】

1. 简述钼蓝比色法和钼黄比色法测定磷含量的原理及其适用条件。

2. 样品研磨过程中为什么要保持冷冻状态？

（叶青）

第九章

植物光合和呼吸作用相关指标的测定

实验 14 叶绿体色素的提取、分离、理化性质和定量测定

植物叶绿体色素在光合作用中进行光能吸收、传递并转化成电能，是进行光合作用的物质基础，因此提取、分离及了解光合色素的理化性质是进一步研究光合色素功能的前提。

Ⅰ 叶绿体色素的提取、分离及理化性质

【实验原理】

植物叶绿体色素是吸收太阳光能进行光合作用的重要物质，高等植物叶绿体色素由叶绿素 a、叶绿素 b、胡萝卜素和叶黄素等组成。从植物叶片中提取和分离色素是认识叶绿体色素的前提。利用叶绿体色素不易溶于水而溶于有机溶剂的特性，可用丙酮或乙醇等有机溶剂提取。

1. 色素分离

分离叶绿体色素的方法有多种，纸层析法是最简便的一种方法。当溶剂不断地从纸上流过时，由于混合物中各成分在两相（即流动相和固定相）间具有不同的分配系数，所以它们的移动速度不同，从而使样品混合物分离。

2. 荧光现象

叶绿素分子吸收光量子，由基态上升到激发态，激发态不稳定，有回到基态的趋向，当由第一单线态回到基态时所发射出的光称为荧光。

3. 取代反应

叶绿素中的 Mg^{2+} 可以被氢离子所取代而形成褐色的去镁叶绿素。去镁叶绿素遇铜离子则成为铜代叶绿素，铜代叶绿素很稳定，在光下不易被破坏，故常用此法制作绿色多汁植物的浸渍标本。

4. 皂化反应

叶绿素是由二羧酸叶绿酸与甲醇、叶绿醇形成的复杂酯，故可与碱起皂化反应而形成醇（甲醇、叶绿醇）和叶绿酸的盐，产生的盐能溶于水中，可用此法将叶绿素与类胡萝卜素分开。

【实验用品】

1. 材料

新鲜菠菜或芹菜、油菜等植物叶片。

2. 用品

大试管，软木塞，大头针，滤纸，天平，漏斗，烧杯，量筒，研钵，毛细管，洗耳球，试管，移液管和剪刀等。

3. 试剂

（1）80% 丙酮（或 95% 乙醇），汽油或四氯化碳，无水碳酸钠，碳酸钙，石英砂，苯，50% 乙酸，乙酸铜，乙酸和氢氧化铵等。

（2）氢氧化钾甲醇溶液。

【方法与步骤】

1. 提取

称取新鲜植物叶片 2 g，放入研钵中加 5 mL 80% 丙酮（或 95% 乙醇）及少许碳酸钙和石英砂，研磨成匀浆，再加适量 80% 丙酮（或 95% 乙醇），然后以漏斗过滤，滤液即为叶绿体色素提取液。

视频 2-9 浸泡法提取叶绿素

2. 纸层析分离

视频 2-10 纸层析法分离叶绿体色素

（1）取准备好的滤纸条（2 cm × 22 cm），将其一端剪去两侧，中间留一长约 1.5 cm、宽约 0.5 cm 的窄条，见图Ⅱ-1。

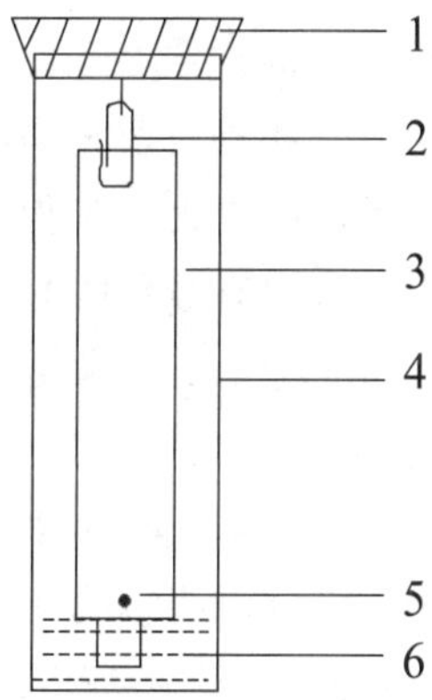

图Ⅱ-1　纸层析分离光合色素示意图

1. 软木塞；2. 回形针；3. 滤纸；4. 大试管；5. 点样线；6. 推动剂

（2）用毛细管吸取叶绿体色素提取液（吸取提取液 1 mL，加入适量无水 Na_2CO_3）点于窄条上端，注意一次所点溶液不可过多，如色素过淡，用电吹风吹干后再点 1 ~ 2 次。

（3）在大试管中加入 3 ~ 5 mL 汽油，再加入几滴苯。然后将滤纸固定于软木塞上，插入试管内，使窄端浸入溶剂中（色素点要略高于液面，滤纸条边缘不可碰到试管壁）。盖紧软木塞，直立于阴暗处层析。

（4）0.5 ~ 1 h 后，观察色素带的分布。最上端为橙黄色（胡萝卜素），其次为鲜黄色（叶黄素），再次为蓝绿色（叶绿素 a），最后是黄绿色（叶绿素 b）。

3. 叶绿素的荧光现象

彩图 2-8 叶绿素理化性质（取代反应）

取上述色素提取液于试管中，在反射光和透射光下，观察提取液的颜色，反射光观察到的溶液颜色，即为叶绿体色素产生荧光的颜色（建议：过滤液不摇匀时观察效果更加明显）。

4. H^+ 和 Cu^{2+} 对叶绿素分子中 Mg^{2+} 的取代作用

彩图 2-9 叶绿素理化性质（提取液、荧光）

取上述色素提取液少许于试管中，一滴一滴加入 50% 乙酸，直至溶液出现褐色，此时叶绿素中 Mg^{2+} 被 H^+ 所取代，形成去镁叶绿素。加入乙酸铜晶体粉末少许，渐渐加热溶液，则又产生鲜亮的绿色，即表明铜又取代去镁叶绿素分子中氢的位置，形成了铜代叶绿素。

5. 类胡萝卜素和叶绿素的分离

彩图 2-10 叶绿素理化性质（皂化反应）

彩图 2-11 叶绿素理化性质（纸层析）

用刻度吸管吸取叶绿体色素提取液 5 mL 于试管中，再加入 5 mL 200 g/L KOH 甲醇溶液，充分摇匀；片刻后，加入 5 mL 苯，摇匀，再沿试管壁慢慢加入 1 ~ 1.5 mL 蒸馏水，轻轻混匀（勿剧烈摇动），于试管架上静置。可看到溶液逐渐分为两层，下层是稀的醇溶液，其中溶有皂化叶绿素 a 和叶绿素 b 以及少量叶黄素（低温下发生皂化反应的叶绿体色素溶液，易乳化而出现白色絮状物，溶液浑浊，且不分层，可剧烈摇荡，放在 30 ~ 40℃水浴中加热，溶液很快分层，絮状物消失，溶液变得清澈透明）；上层是苯溶液，其中溶有黄色的胡萝卜素和叶黄素。

Ⅱ　叶绿体色素的定量测定

【实验原理】

根据叶绿体色素提取液对可见光谱的吸收，利用分光光度计在某一特定波长下测定其吸光度，即可用公式计算出提取液中各色素的含量。

教学课件 2-6 叶绿体色素的提取、分离、理化性质和定量测定

根据朗伯 - 比尔定律，某有色溶液的吸光度 A 与溶质浓度 c 和液层厚度 L 成正比，即

$$A = KcL$$

式中，K 为比例常数。当溶液浓度以百分浓度为单位，液层厚度为 1 cm 时，K 为该物质的比吸收系数。各种有色物质溶液在不同波长下的比吸收系数可通过测定已知浓度的纯物质在不同波长下的吸光度而求得。

如果溶液中有数种吸光物质，则此混合液在某一波长下的总吸光度等于各组分在相应波长下吸光度的总和，这就是吸光度的加和性。测定叶绿体色素混合提取液中叶绿素 a、叶绿素 b 及类胡萝卜素的含量，只需测定该提取液在 3 个特定波长下的吸光度 A，并根据叶绿素 a、叶绿素 b 及类胡萝卜素在该波长下的比吸收系数即可求出其浓度。在测定叶绿素 a、叶绿素 b 时，为了排除类胡萝卜素的干扰，所用单色光的波长选择叶绿素在红光区的最大吸收峰。

已知叶绿素 a、叶绿素 b 的 80% 丙酮提取液在红光区的最大吸收峰分别为 663 nm 和 645 nm，又知在波长 663 nm 下，叶绿素 a、叶绿素 b 在该溶液中的比吸收系数分别为 82.04 和 9.27，在波长 645 nm 下分别为 16.75 和 45.60，可根据加和性原则列出以下关系式：

$$A_{663} = 82.04\ C_a + 9.27\ C_b \quad ①$$

$$A_{645} = 16.75\ C_a + 45.60\ C_b \quad ②$$

式①、②中的 A_{663} 和 A_{645} 分别为叶绿素溶液在波长 663 nm 和 645 nm 时的吸光度，解方程组①、②，得：

$$C_a = 12.72\ A_{663} - 2.59A_{645} \quad ③$$

$$C_b = 22.88\ A_{645} - 4.67A_{663} \quad ④$$

将 C_a 与 C_b 相加即得叶绿素总量（C_T）：

$$C_T = C_a + C_b = 20.29\ A_{645} + 8.05\ A_{663} \quad ⑤$$

另外，由于叶绿素 a、叶绿素 b 在 652 nm 的吸收峰相交，两者有相同的比吸收系数（均为 34.5），也可以在此波长下测定一次而求出叶绿素 a、叶绿素 b 的总含量：

$$C_T = A_{652} \times 1\,000/34.5 \quad ⑥$$

在有叶绿素存在的条件下，用分光光度法可同时测出溶液中类胡萝卜素的含量。Lichtenthaler 等对 Amon 法进行了修正，提出了 80% 丙酮提取液中 3 种色素含量的计算公式：

$$C_a = 12.21\,A_{663} - 2.81\,A_{645} \quad ⑦$$

$$C_b = 20.13\,A_{645} - 5.03\,A_{663} \quad ⑧$$

$$C_{x \cdot c} = (1\,000\,A_{470} - 3.27\,C_a - 104\,C_b)/229 \quad ⑨$$

式中，C_a 和 C_b 分别为叶绿素 a 和叶绿素 b 的含量（mg/L）；$C_{x \cdot c}$ 为类胡萝卜素的总含量（mg/L）；A_{663}、A_{645} 和 A_{470} 分别为叶绿体色素提取液在波长 663 nm、645 nm、470 nm 下的吸光度。

由于叶绿体色素在不同溶剂中的吸收光谱有差异，因此，在使用其他溶剂提取色素时，计算公式也有所不同。叶绿素 a、叶绿素 b 在 95% 乙醇中最大吸收峰的波长分别为 665 nm 和 649 nm，类胡萝卜素为 470 nm，可据此列出以下关系式：

$$C_a = 13.95\,A_{665} - 6.88\,A_{649} \quad ⑩$$

$$C_b = 24.96\,A_{649} - 7.32\,A_{665} \quad ⑪$$

$$C_{x \cdot c} = (1\,000\,A_{470} - 2.05\,C_a - 114.8\,C_b)/245 \quad ⑫$$

【实验用品】

1. 材料

新鲜菠菜或芹菜、油菜等植物叶片。

2. 用品

分光光度计，比色皿，研钵，剪刀，玻璃棒，棕色容量瓶（25 mL），小漏斗，定量滤纸（直径 7 cm），吸水纸，擦镜纸，滴管和电子天平（感量 0.01 g）等。

3. 试剂

80% 丙酮（或 95% 乙醇），石英砂和碳酸钙粉末等。

【方法与步骤】

1. 取样

取新鲜植物叶片（或其他绿色组织）或干材料，擦净组织表面污物，剪碎（去掉中脉），混匀。称取剪碎的样品 0.2 g，放入研钵中。实验 3 次重复。

2. 提取

研钵中加少量石英砂和碳酸钙粉末及 2～3 mL 80% 丙酮（或 95% 乙醇）研磨成匀浆，再加 80% 丙酮（或 95% 乙醇）10 mL，静置 3～5 min。取滤纸 1 张，置于漏斗中，用乙醇湿润，沿玻璃棒把提取液倒入漏斗中，过滤到 25 mL 棕色容量瓶中，用少量 80% 丙酮（或 95% 乙醇）冲洗研钵、研棒及残渣数次，最后连同残渣一起倒入漏斗中，用 80% 丙酮（或 95% 乙醇）定容至刻度线，摇匀。

3. 测定

把叶绿体色素提取液倒入比色皿内，以 80% 丙酮（或 95% 乙醇）为空白，在波长 663 nm、645 nm 和 470 nm（或 665 nm、649 nm 和 470 nm）下测定吸光度。

视频 2-11
叶绿素提取液的稀释

4. 计算

按公式⑦、⑧、⑨［如用95%乙醇，则按公式⑩、⑪、⑫分别计算叶绿素 a、叶绿素 b 和类胡萝卜素的质量浓度（mg/L）]，⑦、⑧式相加即得叶绿素总的质量浓度。

视频 2-12 叶绿素仪的使用

求得色素的质量浓度后再按下式计算组织中各色素的含量：

$$C = \rho \times V \times 10^{-3} \times n/m$$

式中，C 为叶绿体色素含量（mg/g）；ρ 为叶绿体色素质量浓度（mg/L）；V 为提取液体积（mL）；n 为稀释倍数；m 为样品鲜重（或干重）(g)。

注意事项：

（1）为了避免叶绿素的光分解，操作时应在弱光下进行，研磨时间应尽量短些。

（2）叶绿体色素提取液不能浑浊。可在 710 nm 或 750 nm 波长下测量吸光度，其值应小于当波长为叶绿素 a 吸收峰时吸光度值的 5%，否则应重新过滤。

（3）用分光光度计法测定叶绿素含量，对分光光度计的波长精确度要求较高。如果波长与原吸收峰波长相差 1 nm，则叶绿素 a 的测定误差为 2%，叶绿素 b 为 19%，使用前必须对分光光度计的波长进行校正。校正方法除按仪器说明书外，还应以纯的叶绿素 a 和叶绿素 b 来校正。

（4）在使用低档型号分光光度计（如 72 型、125 型、721 型等）测定叶绿素 a、叶绿素 b 含量时，因仪器的狭缝较宽，分光性能差，单色光的纯度低（±5 nm)，与高中档仪器如岛津 UV-120、UV-240 等测定结果相比，叶绿素 a 的测定值偏低，叶绿素 b 值偏高，叶绿素 a/叶绿素 b 比值严重偏小。因此，使用时必须用高档分光光度计对低档的分光光度计进行校正。

【思考题】

1. 用不含水的有机溶剂如无水乙醇、无水丙酮等提取植物材料，特别是干样作为材料提取叶绿体色素往往效果不佳，原因何在？

2. 研磨提取叶绿素时加入碳酸钙粉末、石英砂各有什么作用？

3. 叶绿素 a、叶绿素 b 在蓝光区也有吸收峰，能否用这一吸收峰波长进行叶绿素 a、叶绿素 b 的定量分析？为什么？

4. 叶绿素提取是否还有其他方法？

（杨德翠）

实验 15　红外线 CO_2 气体分析仪法测定植物光合速率与呼吸速率

光合作用是地球上最重要的生命现象，它是唯一能把太阳能转化为稳定的化学能贮藏在有机物中的过程，是农作物产量形成的决定性因素。

光合作用（呼吸作用）测定方法主要包括测定干物质积累的称重法、测定 CO_2 吸收（和释放）的滴定法、测定氧气释放的检压法和氧电极法等。其中红外线气体分析仪（infrared gas analyzer，IRGA）堪称最先进的方法。它不但快速、准确，而且可将测定信号转化为电信号输出，便于仪器的自动化和智能化。目前，利用红外线 CO_2 气体分析仪工作原理生产的便携式光合作用测定仪型号较多，性能、价位不等。如美国 PP SYSTEMS 公司生产的 CIRAS-3、CIRAS-4 型便携式光合作用测定仪和美国 LI-COR 公司生产的 LI-6800 型光合作用测定仪，都是当前国际上比较先进的仪器，但价格较高；PP SYSTEMS 公司的 TARGAS-1 价位中等，性价比高，适合科研和教学使用。

【实验原理】

1. 红外线 CO_2 气体分析仪工作原理

教学课件 2-7 红外线 CO_2 气体分析仪法测定植物光合速率与呼吸速率

许多由异原子组成的气体分子对红外线都有特异的吸收带。CO_2 的红外吸收带有 4 处，其吸收峰分别在 2.69 μm、2.77 μm、4.26 μm 和 14.99 μm 处，其中只有 4.26 μm 的吸收带不与 H_2O 的吸收带重叠，红外仪内设置仅让 4.26 μm 红外光通过的滤光片，当该波长的红外光经过含有 CO_2 的气体时，能量就因 CO_2 的吸收而降低，降低的多少与 CO_2 的浓度有关，并服从朗伯 - 比尔定律。分别供给红外仪含与不含 CO_2 的气体，红外仪的检测器便可通过检测红外光能量的变化而输出反映 CO_2 浓度的电信号。

目前应用于光合作用研究的红外线 CO_2 气体分析仪，按照测量气室的数量一般分为两种类型：单气室类型和双气室（或多气室）类型。单气室红外仪一般用于 CO_2 浓度绝对值的测定；在双气室（或多气室）红外仪中，一个气室为分析气室，另一个作为参比气室，可测定参比气与分析气中 CO_2 浓度之差。

2. IRGA 法测定光合速率的气路系统

IRGA 是测定 CO_2 浓度的专用仪器，不能直接测定植物叶片的光合速率，必须将 IRGA 与同化室组成一定的气路系统，才能进行叶片光合速率的测定。

常用的气路系统有密闭式（图Ⅱ-2）和开放式（图Ⅱ-3）两种。

（1）密闭式气路系统　待测定植物或叶片密闭在同化室中，不与同化室外发生任何的气体交换，同化室内的 CO_2 浓度因光合作用而逐渐下降，可用 IRGA 连续监测同化室内 CO_2 浓度的下降速率，根据叶片面积、同化室体积计算光合速率。

（2）开放式气路系统　该系统用双气室 IRGA，以气泵为动力，将流经同化室前的空气（参比气）泵入一个气室，流经同化室后的空气（样本气）泵入另一个气室（分析气室），最后将气体排空，由仪器指示参比气和样本气的 CO_2 浓度差，根据流量、同化室中叶片的面积，求出叶片的光合速率。

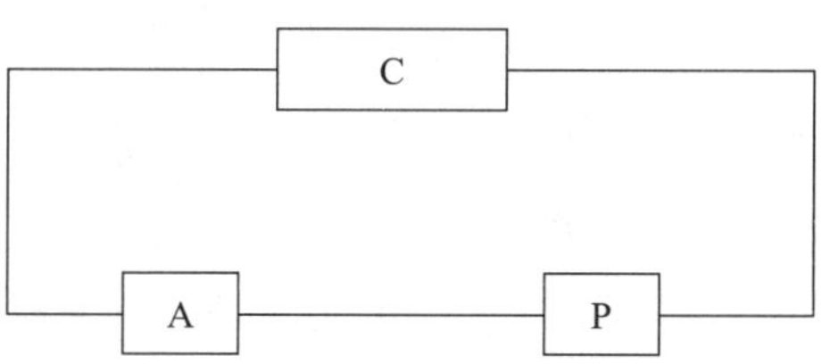

图Ⅱ-2　密闭式气路系统

A. 红外线 CO_2 气体分析仪；C. 同化室；P. 气泵

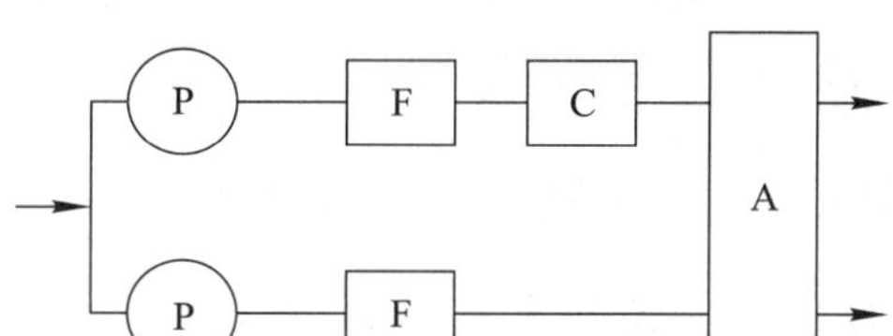

图Ⅱ-3　开放式气路系统

P. 气泵；F. 流量计；C. 同化室；A. 红外线 CO_2 气体分析仪

【实验用品】

1. 材料

大田作物或其他待测的绿色植物。

2. 用品

视频 2-13 红外线 CO_2 气体分析仪密闭式气路系统的仪器连接

视频 2-14 红外线 CO_2 气体分析仪的操作

（1）密闭系统落差法测定装置　GXH-305 型红外线 CO_2 气体分析仪（或 HQF-20 红外线 CO_2 气体分析仪），电子秒表，同化室（根据需要自制，内装 2 个小风扇和 1 个测定温度的传感器），量子辐射照度计。

（2）开放式气路系统测定装置　双气室 IRGA，开放式同化室，气泵，量子辐射照度计。也可应用以开放式气路原理设计制造的成套光合作用测定系统。

（3）叶面积仪。

3. 试剂

烧碱石棉（10 目）或碱石灰，无水氯化钙等。

【方法与步骤】

（一）密闭系统落差法测定

在密闭的系统中，由于同化室中的叶片进行光合作用后，系统中的 CO_2 浓度不断下降，可用固定时间内同化室中 CO_2 浓度的减少量或 CO_2 浓度减少某一固定量所需的时间表示叶片对 CO_2 的吸收速率，最后根据叶片面积和同化室体积计算光合速率。此法每一次测定仅需进行两次读数。

1. 按要求将气路系统的各部分连接起来。将仪器进气口与干燥管相连，干燥管与同化室的出气口相连，同化室进气口与仪器的出气口相连，形成一个闭合的气路系统。

2. 接通电源，打开红外仪电源预热 1 ~ 2 h。打开气泵电源，将红外仪后面板的切换阀旋到“调零”状态，此时红外仪通入无 CO_2 气体，调节红外仪“调零”旋钮，显示在“零点”位置，并观察零点的稳定性。待仪器稳定后，将切换阀旋到“测量”状态。

3. 将待测叶片放入同化室，密闭后开启同化室内的风扇，当 CO_2 浓度稳定下降时，开始测定，读取开始的 CO_2 浓度值 C_1，并开始计时。当 CO_2 下降至 C_2（下降 20 ~ 30 μL/L）时，终止计时。记录 C_1、C_2、Δt（或固定测定时间，记录 CO_2 变化值），并同时用量子辐射照度计测量叶片受光强度，记录同化室内的温度。一次测定完成之后，向同化室内补充 CO_2，进行重复测定。

4. 测定结束，用叶面积仪测量叶片面积。

5. 计算光合速率：

$$P_n = \frac{\Delta C \times V}{\Delta t \times S \times 22.4} \times \frac{273}{273 + t} \times \frac{P}{0.1013}$$

式中，P_n 为光合速率［μmol/(m^2·s)］；ΔC 为 CO_2 浓度差（C_1–C_2）（μL/L）；Δt 为测定时间（s）；S 为叶片面积（m^2）；V 为同化室（包括气路系统）体积（L）；t 为同化室的温度（℃）；P 为大气压（MPa）。

彩图 2-12 红外线 CO_2 气体分析仪调零过程

（二）开放式气路系统测定

把双气室红外仪与同化室连接成开放式气路系统，供给同化室 CO_2 浓度稳定的气源，将叶片夹入同化室，给以适当的光照，待仪器测定的参比与分析气室 CO_2 差值稳定后，记录 CO_2 差值，精确测量同化室的流量，再根据叶片面积求出光合速率。

彩图 2-13 红外线 CO_2 气体分析仪 - 密闭式连接气路

1. 光合速率的测定

（1）预热红外仪，用参比气体调节两气室平衡。

（2）供给同化室 CO_2 浓度稳定的气源，选取代表性叶片夹入同化室，调节供给同化室的流量。流量的大小根据叶片面积和光合速率来确定，一般把 CO_2 差值控制在 5 ~ 30 μL/L 较好。

（3）选取待测叶片夹入同化室，40 s 之后观察参比气与分析气 CO_2 差值，当 ΔC 稳定后记录结果。

（4）计算光合速率：

$$P_{\mathrm{n}} = \frac{\Delta C \times F}{S \times 22.4 \times 60} \times \frac{273}{273 + t} \times \frac{P}{0.1013}$$

式中，P_{n} 为光合速率［μmol/（m^2·s）］；ΔC 为 CO_2 浓度差（C_1–C_2）（μL/L）；F 为叶室流量（mL/min）：S 为叶片面积（m^2）；t 为同化室的温度（℃）；P 为大气压（MPa）。

2. 呼吸速率的测定

将待测植物于一定温度下暗中放置一段时间，将切换阀旋至“测量”位置，把叶片平展放入叶室并关闭叶室（勿让操作者的呼吸气进入叶室），用黑布将叶室包严密并用铁夹夹紧使其不透光，开启叶室风扇。在与预处理相同的条件下，检测 CO_2 浓度的增加值（除了不给予光照，其他方法类似于光合速率测定）。叶片呼吸速率的计算公式参照上述光合速率的计算方法。如果不是叶片而是其他植物组织呼吸速率的测定，可以采用呼吸室，测定组织的质量，按下式计算呼吸速率。

$$P_{\mathrm{r}} = \frac{\Delta C \times F}{m \times 22.4 \times 60} \times \frac{273}{273 + t} \times \frac{P}{0.1013}$$

式中，P_{r} 为呼吸速率［μmol/（g·s）］；m 为组织鲜重（g）；其他参数含义同光合速率的测定。

注意事项：

（1）密闭系统的最基本要求是严格密闭，不能漏气，否则无法测定。

（2）红外仪的滤光效果并不十分理想，水蒸气是干扰测定的主要因素。因此，取样器干燥管内 $CaCl_2$ 要经常更换，更要避免 $CaCl_2$ 吸水溶解进入分析气室。分析气室是红外仪的关键部件，价格昂贵，一旦被具有腐蚀性的 $CaCl_2$ 饱和溶液污染便无法正确测量，应特别注意保护。

【思考题】

1. 在光合速率的测定过程中，哪些步骤容易出现误差？应怎样避免？

2. 密闭式气路同化室的大小对室内 CO_2 下降速度、气孔反应的滞后、同化室内的微环境和光合速率有何影响？设计同化室应注意哪些方面的问题？

（杨德翠）

实验 16 叶绿素荧光分析技术

叶绿素荧光分析技术（chlorophyll fluorescence analysis technique）具有灵敏、简便、快速和对植物无破坏损伤的特点。它既可以用于叶绿体、叶片，也可以遥感用于群体、群落，是诊断植物体内光合机构运转状况、分析植物对逆境响应机制的重要方法。20 世纪 80 年代以来，调制荧光仪特别是便携式荧光仪的商品化，使荧光分析在作物生理学、植物生态学、植物抗性生理以及藻类学中广泛用于光合作用的研究。

【实验原理】

在光合作用中，叶绿素吸收的光能一部分以热量的形式耗散，另一部分通过分子内能转换转向反应中心，参与光化学反应，还有一部分以荧光的形式发射出来。由于这三者之间存在此消彼长的相互竞争关系，因此可以通过荧光的变化探测光合作用的变化。

实际上，以荧光形式发射出来的光能很少，还不到吸收的总光能的 3%。在很弱的光照下，光合机构吸收的光能约 97% 被用于光化学反应，2.5% 被转变成热量散失，0.5% 以荧光形式发射出来；在很强的光照下，当 PS Ⅱ 反应中心关闭时，吸收的光能 95% ~ 97% 被变成热量，而 2.5% ~ 5.0% 被变成荧光发射出来。

如果将暗适应的绿色植物材料转移到光照下，其体内叶绿素荧光强度会随时间发生变化，这就是叶绿素的荧光诱导动力学，即 Kautsky 效应。记录下来的典型荧光诱导动力学曲线上有几个特征性的点，分别命名为 O、I、D、P、S、M 和 T。有时在 O 和 I 相之间还可以辨认出一个拐点称之为 J 相。其中从 O 开始到 P 相为荧光快速上升阶段，称为快相（1 ~ 2 s）；从 P 开始为慢速下降阶段，称为慢相。快相主要与 PS Ⅱ 的原初反应过程有关，慢相则主要与类囊体膜上和间质中的一些反应过程有关。荧光动力学曲线的测量可以分为调制式和非调制式两种。在非调制式测量系统中只含有一个连续的激发光源，信号检测采用光电直流放大系统。非调制式荧光仪常用于荧光快速上升过程的测量。调制式荧光仪至少包括一个很弱的调制检测光源，一个中等光强的非调制作用光源和一个饱和脉冲光源。调制脉冲式荧光仪有英国汉莎公司生产的 FMS 荧光仪以及德国 WALZ 公司生产的 PAM 荧光仪；非调制式荧光仪有英国汉莎公司的 M-PEA。利用调制式荧光仪可以测定 F_o、F_o'、F_m、F_m'、F_s，计算 F_v/F_m、$(F_m'-F_s)/F_m'$、ΦPS Ⅱ、F_v'/F_m'、q_P、q_N、NPQ 等荧光参数。

F_o：最小荧光，也称基础荧光或初始荧光，是 PS Ⅱ 反应中心处于完全开放时的荧光产量。

F_m：最大荧光，是 PS Ⅱ 中心完全关闭时的荧光产量。

F_v：可变荧光，暗适应最大可变荧光，反映 Q_A 的还原情况，$F_v = F_m - F_o$。

F_v/F_m：暗适应下 PS Ⅱ 最大光化学效率，反映 PS Ⅱ 反应中心的最大光能转换效率。

F_v/F_o：代表 PS Ⅱ 潜在光化学活性，与有活性的反应中心的数量成正比。

F_o'：光适应下初始荧光。

F_m'：光适应下最大荧光。

F_v'：光适应下可变荧光，$F_v' = F_m' - F_o'$。

F_v'/F_m'：光适应下 PSⅡ最大光化学效率，或者开放的 PS Ⅱ反应中心激发能捕获效率，它反映有热耗散时 PSⅡ反应中心完全开放时的光化学效率。

F_s：稳态荧光。

（$F_m' - F_s$）/F_m'（ΦPSⅡ）：PSⅡ实际光化学效率，它反映在光照下 PSⅡ反应中心部分关闭的情况下的实际光化学效率。ΦPSⅡ不仅与碳同化有关，也与光呼吸及依赖 O_2 的电子流有关。

q_P：光化学淬灭系数，它反映了 PSⅡ反应中心的开放程度，$q_P = (F_m' - F_s)/(F_m' - F_o')$。

q_N：非光化学淬灭系数，$q_N = (F_m - F_m')/(F_m - F_o')$。

NPQ：非光化学淬灭，$NPQ = F_m/F_m' - 1$。

【实验用品】

1. 材料

植物的功能叶片。

2. 用品

调制式荧光仪 FMS-1、FMS-2 或 PAM-2100 等。

【方法与步骤】

1. 预处理

使实验材料叶片充分暗适应，通常需要 15 ~ 30 min 的黑暗处理。

2. 检测

（1）给充分暗适应的叶片照射检测光，得到荧光参数 F_o。然后给一个饱和脉冲光，一个脉冲后关闭，得到荧光参数 F_m，进而得到 F_v/F_m，即 PS Ⅱ最大光化学效率或潜在光化学效率。

（2）打开作用光，几十分钟后叶片光合作用达到稳态，得到稳态荧光 F_s。这时再给一个饱和脉冲光，一个脉冲后关闭，得到荧光参数 F_m'，于是可以计算得到 PS Ⅱ实际光化学效率（$F_m' - F_s$）/F_m' 以及非光化学淬灭 NPQ 即 $F_m/F_m' - 1$。

（3）关闭作用光，立即打开远红光，几秒后关闭，可以得到荧光参数 F_o'，计算得到光化学淬灭系数 q_P 和开放的 PS Ⅱ反应中心的激发能捕获效率 F_v'/F_m'。

视频 2-15 脉冲式 FMS 荧光仪的使用

以上是荧光测定的一般步骤，对于每种荧光仪都有相应的测定步骤，而且大多有相应的操作程序软件可以下载到仪器中或者与计算机联机使用，具体操作可以参见各仪器的操作手册。

注意事项：

（1）各种光源和荧光信号通过光缆传递，使用和运输过程中光缆不能折放。

（2）光温夹上测定叶片温度的探头为热电偶，注意保护。

（3）光缆探头与叶片的距离不同，测定的结果不同，在不同处理测定时探头与叶片的距离要固定。

（4）光强对测定结果有较大影响，进行不同处理测定时，应选择夹角相同、受光强度相同的叶片。

【思考题】

简述荧光参数所代表的意义。

（杨德翠）

实验 17　光合作用相关酶活性的测定

磷酸烯醇丙酮酸羧化酶（phosphoenolpyruvate carboxylase，PEPCase）广泛存在于高等植物、细菌以及藻类中，是 C_4 植物光合途径中的关键酶，催化磷酸烯醇丙酮酸（phosphoenolpyruvate，PEP）和碳酸氢根羧化形成草酰乙酸，该反应不可逆，起着固定原初 CO_2 的作用，在细菌中对三羧酸循环起着调节作用。1,5- 二磷酸核酮糖羧化酶 / 加氧酶（ribulose-1, 5-bisphosphate carboxylase/oxygenase，Rubisco）是植物体内 C_3 途径中参与 CO_2 固定的酶，是植物体内含量最高的酶，占叶片可溶性蛋白总量的 50% 左右，其活性受许多因素调节，因而影响碳同化的速度，是碳同化的关键酶。PEPCase 和 Rubisco 活性的高低与植物的光合作用密切相关，对作物选育良种具有重要的指导作用。

Ⅰ　磷酸烯醇丙酮酸羧化酶活性的测定

【实验原理】

本实验用偶联法来测定 PEPCase 酶活性。PEPCase 在 PEP、HCO_3^- 和 Mg^{2+} 存在时催化形成草酰乙酸。草酰乙酸在还原型辅酶 I（NADH）存在时，在苹果酸脱氢酶的作用下形成苹果酸和氧化型辅酶 I（NAD^+）。还原型辅酶 I 消耗（或氧化型辅酶 I 形成）的速率可用分光光度计于 340 nm 波长下进行测定，并以每分钟每毫升酶原液氧化 NADH 的量（μmol）计算酶活性。

【实验用品】

1. 材料

玉米和高粱等 C_4 植物叶片。

2. 用品

组织捣碎机，冷冻离心机，紫外分光光度计，Sephadex-G25 柱，DEAE（乙二胺四乙基）- 纤维素（DE-52）柱，纱布等。

3. 试剂

（1）提取缓冲液　0.1 mol/L Tris-H_2SO_4 缓冲液，pH 8.2，含 7 mmol/L 巯基乙醇（547 mg/L）、1 mmol/L EDTA（292 mg/L）、5% 甘油（质量百分数）。

（2）洗脱缓冲液　10 mmol/L Tris-H_2SO_4 缓冲液，pH 8.2，含 0.2 mmol/L EDTA（58 mg/L）、0.2 mmol/L 二硫苏糖醇（31 mg/L）、5% 甘油（质量百分数）。

（3）酶反应缓冲液　0.1 mol/L Tris-H_2SO_4 缓冲液，含 0.1 mol/L $MgCl_2$，pH 9.2。

（4）其他试剂　100 mmol/L $NaHCO_3$、40 mmol/L PEP、5 mmol/L NADH（pH 8.9）、0 ~ 0.6 mol/L NaCl、苹果酸脱氢酶等。

【方法与步骤】

1. 酶的提取与纯化

取新鲜玉米或高粱叶片洗净去掉主脉，吸去水分。叶片用提取缓冲液以 1∶4（质量体积比）于组织捣碎机中捣碎，用 4 层纱布滤去残渣，滤液于冷冻离心机中 5 000 r/min 离心 20 min，弃去残渣。上清液进行硫酸铵分步沉淀，收集 30%～55% 硫酸铵的沉淀物，并悬浮于小体积的提取缓冲液中，经 Sephadex-G25 柱脱盐备用。

脱盐的酶液再经由洗脱缓冲液冲洗平衡的 DEAE- 纤维素（DE-52）柱，用含 0～0.6 mol/L 的 NaCl 洗脱缓冲液进行梯度洗脱，测定各洗脱部分的 PEPCase 活性。收集有 PEPCase 活性的部分作为酶提取液。

2. 酶活性的测定

反应液总体积为 3 mL，酶反应缓冲液、PEP、NADH 及苹果酸脱氢酶、PEPCase 提取液和蒸馏水用量如表Ⅱ-7 所示。在所测温度下保温 10 min 后，在 340 nm 处测定吸光度。然后再加入 0.1 mL 的 100 mmol/L $NaHCO_3$ 溶液启动反应，立即计时，在 340 nm 每 30 s 测定一次吸光度值，并连续记录吸光度的变化。

表Ⅱ-7　PEPCase 活性测定所加试剂用量

试剂	体积 /mL
酶反应缓冲液	1.0
40 mmol/L PEP	0.1
5 mmol/L NADH（pH 8.9）	0.1
苹果酸脱氢酶	0.1
PEPCase 提取液	0.1
蒸馏水	1.5
100 mmol/L $NaHCO_3$ 溶液	0.1

3. 酶活性的计算

在测定条件下，每分钟内每毫升酶液的酶活性单位为：

$$U = V \times \Delta A \times n/(0.1 \times 6.22 \times d)$$

式中，U 为酶活性单位［μmol/（mL·min）］；ΔA 为反应起始后 1 min 内吸光度值变化的绝对值；V 为测定酶混合液的总体积（mL）；d 为比色杯光程（cm）；n 为酶提取液稀释倍数；0.1 为反应混合液中酶液体积（mL）；6.22 为每微摩尔 NADH 在 340 nm 处的吸光系数。

$$\text{PEPCase 的比活力} = U/m$$

式中，U 为酶活性单位［μmol/（mL·min）］；m 为每毫升酶提取液中蛋白质的质量（mg）。

【思考题】

1. 本实验的测定结果可能受到什么因素的影响？

2. 本实验中为什么要用硫酸铵分步沉淀？

（杨德翠）

Ⅱ 1,5-二磷酸核酮糖羧化酶活性的测定

【实验原理】

1,5-二磷酸核酮糖羧化酶（RuBPCase 或 Rubisco）是植物光合作用碳代谢中的重要调节酶。可催化 1 分子 1,5-二磷酸核酮糖（RuBP）与 1 分子 CO_2 结合，产生 2 分子 3-磷酸甘油酸（PGA），PGA 可通过外加 3-磷酸甘油酸激酶生成 1,3-二磷酸甘油酸（BPGA），再在 3-磷酸甘油醛脱氢酶的作用下，产生 3-磷酸甘油醛（GAP），并使 NADH 氧化，反应如下：

$$\mathrm{RuBP + CO_2 + H_2O \xrightarrow{Rubisco\ +\ Mg^{2+}} 2PGA}$$

$$\mathrm{PGA + ATP \xrightarrow{3-磷酸甘油酸激酶} BPGA + ADP}$$

$$\mathrm{BPGA + NADH + H^+ \xleftrightarrow{3-磷酸甘油醛脱氢酶} GAP + NAD^+ + Pi}$$

每固定 1 分子 CO_2 可氧化 2 分子 NADH。因此，通过测定 340 nm 波长下的吸光度值计算 NADH 被氧化量，根据 NADH 被氧化量计算 Rubisco 的活性。为了使 NADH 的氧化与 CO_2 的固定同步，需要加入磷酸肌酸（Cr～P）和磷酸肌酸激酶的 ATP 再生系统。

$$\mathrm{ADP + Cr \sim P \xrightarrow{磷酸肌酸激酶} ATP + Cr}$$

【实验用品】

1. 材料

菠菜、小麦或水稻等植物叶片。

2. 仪器与器材

紫外分光光度计，冷冻离心机，匀浆器，移液管和秒表等。

3. 主要试剂

（1）Rubisco 提取介质 40 mmol/L（pH 7.6）Tris-HCl 缓冲溶液，内含 10 mmol/L $MgCl_2$、0.25 mmol/L EDTA、5 mmol/L 谷胱甘肽。

（2）反应介质 100 mmol/L Tris-HCl 缓冲液（内含 12 mmol/L $MgCl_2$ 和 0.4 mmol/L EDTA-Na_2，pH 7.8），50 mmol/L ATP，50 mmol/L C_r～P，160 U/mL 磷酸肌酸激酶溶液，160 U/mL 3-磷酸甘油醛脱氢酶溶液，160 U/mL 磷酸甘油酸激酶溶液（U 为酶活性单位）。

（3）其他试剂 5 mmol/L NADH、25 mmol/L RuBP、0.2 mmol/L $NaHCO_3$ 等。

【方法与步骤】

1. 酶粗提液的制备

取新鲜叶片 10 g，洗净擦干，放入匀浆器中，加入 10 mL 预冷的提取介质，于匀浆器中高速匀浆 30 s，停 30 s，交替进行 3 次；匀浆经 4 层纱布过滤，滤液于 2 000 r/min 4℃下离心 15 min，弃沉淀，上清液即为 Rubisco 粗酶液，置于 0℃保存备用。

2. Rubisco 酶活性测定

按表Ⅱ-8 配制反应体系：

表 Ⅱ -8　Rubisco 酶活性测定反应体系所加试剂用量

试剂	体积 /mL	试剂	体积 /mL
5 mmol/L NADH	0.2	160 U/mL 磷酸肌酸激酶溶液	0.1
50 mmol/L ATP	0.2	酶粗提液	0.1
50 mmol/L Cr ~ P	0.2	160 U/mL 磷酸甘油酸激酶溶液	0.1
0.2 mmol/L $NaHCO_3$	0.2	160 U/mL 3– 磷酸甘油醛脱氢酶溶液	0.1
反应介质	1.4	蒸馏水	0.3

将配制好的反应体系摇匀，倒入比色杯内，以蒸馏水为空白，在紫外分光光度计上 340 nm 处测量反应体系的吸光度值，作为零点值。将 0.1 mL 25mmol/L RuBP 加于比色杯内，立刻计时，每隔 30 s 测一次吸光度值，共测 3 min，以零点到第 1 min 内吸光度值下降的绝对值计算酶活性。

由于粗酶液中可能存在 PGA，会使酶活性测定产生误差，因此除上述测定外，还需做一个不加 RuBP 的对照。对照的反应体系与上述酶反应体系完全相同，不同之处只是把粗酶液放在最后加，加入后马上测定此反应体系在 340 nm 处的吸光度值，并记录前 1 min 内吸光度值的变化量，计算酶活性时应减去这一变化量。

【实验结果】

$$\text{Rubisco 的酶活性}\,[\mu mol/(mL\cdot min)] = 10\times\Delta A\times n/(2\times 6.22\times d\times\Delta t)$$

式中，ΔA 为反应最初 1 min 内 340 nm 处吸光度值变化的绝对值减去对照液最初 1 min 的变化量；n 为稀释倍数；6.22 为每微摩尔 NADH 在 340 nm 处的吸光系数；2 为每固定 1 mol CO_2 有 2 mol NADH 被氧化；Δt 为测定时间（1 min）；d 为比色光程（cm）。

【思考题】

你认为本实验影响测定结果的主要因素有哪些？

（赵方贵）

实验 18　多酚氧化酶活性的测定

多酚氧化酶（polyphenol oxidase，PPO）是植物体内普遍存在的一种非线粒体内的末端氧化酶，它包括单酚氧化酶［酪氨酸酶（tyrosinase）］、多酚氧化酶［儿茶酚氧化酶（catechol oxidase）和漆酶（laccase）］。多酚氧化酶可以把酚类物质如单酚、邻苯二酚、邻苯三酚和对苯二酚等氧化为相应的醌类物质。醌类物质对病原微生物起着抑制作用或杀伤作用，使植物具有一定的抗病能力。因此，在感病的植物体中，PPO 活性都有不同程度的提高，以抵抗病原体进一步侵染健康的植物组织。此外，PPO 对食品和饮料生产也会产生重大影响，它不仅影响食品和饮料的色泽，也影响其品质，特别是在制作绿茶、红茶、烤烟和果汁的过程中作用更为突出。

【实验原理】

教学课件 2-8 多酚氧化酶活性的测定

多酚氧化酶是一种含铜的氧化酶，在有氧的条件下，能使一元酚和二元酚氧化产生醌。反应式如下：

$$邻苯二酚（儿茶酚）+ 1/2\ O_2 \xrightarrow{多酚氧化酶} 邻醌 + H_2O$$

PPO 反应速率在 3 min 内是稳定的，其后反应速率变慢。因而研究该酶活性时，用分光光度法在 3 min 内于 410 nm 波长下测其吸光度，即可计算出多酚氧化酶的活性和比活性。

【实验用品】

1. 材料

不同贮藏时期的马铃薯块茎或不同品种的梨等。

2. 用品

视频 2-16 离心样品的平衡

紫外分光光度计，离心机，恒温水浴锅，研钵或匀浆器，试管，离心管，移液管等。

3. 试剂

视频 2-17 离心机的使用方法

0.01 mol/L pH 6.5 磷酸缓冲液，0.1 mol/L pH 6.5 磷酸缓冲液，0.1 mol/L 儿茶酚。

【方法与步骤】

1. 粗酶液的制备

新鲜马铃薯洗净后去皮，再用蒸馏水洗净。称取 2 ~ 5 g 于研钵中，加入 10 mL 预冷的 0.1 mol/L pH 6.5 磷酸缓冲液，研磨成匀浆，装入 10 mL 离心管，4 000 r/min 离心 10 ~ 15 min，取出离心管中的上清液，即得 PPO 粗酶液。

2. 酶活性的测定

在试管中加入 3.9 mL 0.01 mol/L pH 6.5 磷酸缓冲液和 1.0 mL 0.1 mol/L 儿茶酚，在 37℃恒温水浴锅中保温 10 min，然后加入 0.1 ~ 0.5 mL 粗酶液（可视酶活性增减用量），迅速摇匀，倒入比色杯内，于 410 nm 波长下，每 30 s 读取一次吸光度值，在 1 ~ 2 min 内测定吸光度变化值。

3. 酶活性的计算

以每克鲜组织每分钟内 A_{410} 变化 0.01 为 1 个酶活性单位（U），按下式计算多酚氧化酶的活性和比活性。

$$多酚氧化酶的酶活性（0.01A/min）= A \times V_0 / 0.01 \times t \times V_1$$

$$多酚氧化酶的比活性 [0.01A/(g·min)] = A \times V_0 / 0.01 \times m \times t \times V_1$$

式中，A 为反应时间内吸光度的变化值；m 为样品鲜重（g）；V_0 为粗酶液总体积（mL）；t 为反应时间（min）；V_1 为测定所用粗酶液体积（mL）。

【思考题】

1. 本实验中为什么测定的时间不能太长？

2. 影响本实验准确性的主要因素有哪些？

（赵方贵）

实验 19　植物光强 - 光合曲线的测定

光是光合作用的动力，光直接制约着光合速率的高低，而光强是影响光合速率的主要因素。测定光强 - 光合曲线可以得出多个参数，其中光补偿点和光饱和点是区分阴生和阳生植物的重要参数，而表观量子效率（apparent quantum effciency，AQE）是反映植物光能利用率和光抑制的指标。

【实验原理】

植物叶片在黑暗中不进行光合作用，只呼吸释放出 CO_2，随着光强的提高，光合速率相应提高，当达到某一光强时，叶片的光合速率等于呼吸速率，表观光合速率为零，这时的光强为光补偿点（light compensation point，LCP）。在低光区，光合速率随光强度的增加而呈比例增加；当超过一定光强，光合速率的增加就会变慢；当达到某一光强时，光合速率不再增加，而出现光饱和现象（见图Ⅱ-4）。开始达到光合速率最大值时的光强称为光饱和点（light saturation point，LSP）。光强 - 光合曲线的测定可获得不同光强下的 *P*n（净光合速率）、*E*、*G*s、*C*i 以及通过光饱和曲线求得的光补偿点、光饱和点、表观光合量子效率和暗呼吸速率。

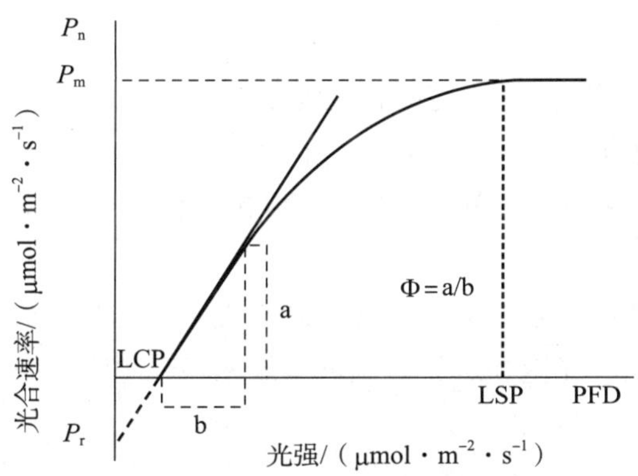

图Ⅱ-4　光强 - 光合曲线图解

*P*r：暗呼吸速率；*P*n：净光合速率；*P*m：光饱和的光合速率（对应的光强为光饱和点 LSP）；
PFD：光强；LCP：光补偿点（曲线与 X 轴的交点），以上单位均为 μmol·m^{-2}·s^{-1}；
Φ：表观量子效率 AQE（直线部分的斜率）

【材料与用品】

1. 材料

待测的植物叶片。

2. 用品

内置光源并可对光强进行调控的便携式光合仪（CIRAS-3、TARGAS-1、Li-COR LI6800、TPS-2 等）。实验前一天将仪器充满电，检查仪器的吸收管，调试好仪器。

【方法与步骤】

1. 材料的处理

选择晴朗的天气，测定时间以上午 8:30—11:30 最佳。实验前将要测定的植物材料提前半小时放到光下进行充分光适应。

2. 仪器的连接和参数选择

根据不同型号的光合仪使用要求，按照说明书进行正确的连接。然后选择合适的参数。预热仪器，注意观察参数是否正确。

3. 测定光合参数

对光适应材料选取特定部位和年龄的叶片（一般选择完全展开的功能叶）。在同一片叶上按照 1 600 $\mu mol \cdot m^{-2} \cdot s^{-1}$、1 400 $\mu mol \cdot m^{-2} \cdot s^{-1}$、1 200 $\mu mol \cdot m^{-2} \cdot s^{-1}$、1 000 $\mu mol \cdot m^{-2} \cdot s^{-1}$、800 $\mu mol \cdot m^{-2} \cdot s^{-1}$、600 $\mu mol \cdot m^{-2} \cdot s^{-1}$、400 $\mu mol \cdot m^{-2} \cdot s^{-1}$、300 $\mu mol \cdot m^{-2} \cdot s^{-1}$、200 $\mu mol \cdot m^{-2} \cdot s^{-1}$、100 $\mu mol \cdot m^{-2} \cdot s^{-1}$、50 $\mu mol \cdot m^{-2} \cdot s^{-1}$、0 $\mu mol \cdot m^{-2} \cdot s^{-1}$（根据需要，可以调整最大光强）的顺序测定。每一光强度下停留 2 ~ 3 min，至参数稳定后记录或保存 Pn、Gs、E、Ci 等参数值，直到光强为零，光合速率为负值时结束。同一个处理测定 5 ~ 10 个叶片作为重复。

4. 数据处理

以光强为横坐标，以 Pn 为纵坐标作图，分别求：光补偿点、光饱和点、表观量子效率和暗呼吸速率。

注意事项：

（1）最大光强度要达到被测材料的饱和光强以上。

（2）在测定的时段内空气温度、湿度变化不大。

（3）同一处理被测叶片的受光角度、叶位、叶龄、面积要一致。

【思考题】

1. 在光强 - 光合曲线的测定中为什么要从高光强到低光强进行测定？

2. 怎样确定光补偿点、光饱和点、表观量子效率和暗呼吸速率？

3. 表观量子效率反映了什么？

（杨德翠）

第十章

植物生长发育相关指标的测定

实验 20 花粉活力测定

在作物杂交育种、作物结实机制和花粉生理的研究中，常涉及花粉活力（pollen viabitity）的鉴定。掌握花粉活力快速测定的方法，是进行雄性不育株的选育、杂交技术的改良以及揭示内外因素对花粉育性和结实率影响的基础。

Ⅰ 花粉萌发法

【实验原理】

正常的成熟花粉粒具有较强的活力，在适宜的培养条件下便能萌发和生长，在显微镜下可直接观察计算其萌发率，以确定其活力。

视频 2-18 花粉的采集与培养

【实验用品】

1. 材料

丝瓜、南瓜或其他葫芦科植物刚开放或将要开放的成熟花朵。

2. 用品

载玻片，显微镜，玻璃棒，恒温培养箱，培养皿，滤纸。

3. 试剂

培养基（含有 100 g/L 蔗糖，10 mg/L 硼酸，5 g/L 琼脂）：称取 10 g 蔗糖、1 mg 硼酸、0.5 g 琼脂，放入烧杯中，加入 90 ml 水，在 100℃水浴中溶解，冷却后加水定容至 100 mL，备用。

【方法与步骤】

1. 准备培养皿

将培养基融化后，用玻璃棒蘸少许培养基，涂布在载玻片上，放入垫有湿润滤纸的培养皿中，保湿备用。

2. 培养和观测

采集花朵，将花粉撒落在涂有培养基的载玻片上，然后将载玻片放置于垫有湿润滤纸的培养皿中，在 25℃左右的恒温培养箱中（或室温 20℃条件下）培养，5 ~ 10 min 后在显微镜下检查 5 个视野，统计其萌发率。

注意事项：

（1）不同种类植物的花粉萌发所需温度、蔗糖和硼酸浓度不同，可依植物种类而调整培养条件。

（2）此法也可用于观察花粉管在培养基上的生长速度以及蔗糖浓度、离体时间、环境条件等因素对花粉活力的影响。

（3）不是所有植物的花粉都能在此培养基上萌发，本法适用于易于萌发的葫芦科等植物花粉活力的测定。

Ⅱ　TTC 法

【实验原理】

具有活力的花粉呼吸作用较强，其产生的 NADH + H 或 NADPH + H 可将无色的 2,3,5-氯化三苯基四氮唑（TTC）还原成红色的三苯基甲臜（TTF）而使其本身着色，无活力的花粉呼吸作用较弱，TTC 的颜色变化不明显，故可根据花粉吸收 TTC 后的颜色变化判断花粉的活力。

【实验用品】

1. 材料

水稻、小麦或玉米等的成熟花药。

2. 用品

显微镜，载玻片，盖玻片，镊子，恒温培养箱，棕色试剂瓶，烧杯，量筒，天平。

3. 试剂

5 g/L TTC 溶液：称取 0.5 g TTC 放入烧杯中，加入少许 95% 乙醇使其溶解，然后用蒸馏水稀释至 100 mL。溶液避光保存，若溶液发红，则不能再使用。

【方法与步骤】

1. TTC 溶液培养

采集植物花粉，取少许放在干净的载玻片上，加 1 ~ 2 滴 5 g/L TTC 溶液，搅匀后盖上盖玻片，置于 35℃恒温培养箱中，10 ~ 15 min 后镜检，凡被染为红色的花粉活力强，淡红色的次之，无色者没有活力或为不育花粉。

2. 观察计算

观察 2 ~ 3 张片子，每片取 5 个视野，统计花粉的染色率，以染色率表示花粉的活力百分率。

Ⅲ　I_2-KI 染色法

【实验原理】

多数植物正常的成熟花粉粒呈球形，积累较多的淀粉，I_2-KI 溶液可将其染成蓝色。发育不良的花粉常呈畸形，往往不含淀粉或积累淀粉较少，用 I_2-KI 溶液染色呈黄褐色。因此，可用 I_2-KI 溶液染色来测定花粉活力。

【实验用品】

1. 材料

水稻、小麦或玉米等的成熟花药。

2. 用品

显微镜，载玻片，盖玻片，镊子，棕色试剂瓶，烧杯，量筒，天平。

3. 试剂

I_2-KI 溶液：取 2 g KI 溶于 5 ~ 10 mL 蒸馏水中，加入 1 g I_2，待完全溶解后，再加蒸馏水 300 mL。贮存于棕色试剂瓶中备用。

【方法与步骤】

1. I_2-KI 染色

采集花药，取一花药置于载玻片上，加 1 滴蒸馏水，用镊子将花药捣碎，使花粉粒释放，再加 1 ~ 2 滴 I_2-KI 溶液，盖上盖玻片，在显微镜下观察。活力较强的花粉粒被染成蓝色，发育不良的花粉粒呈黄褐色。

2. 观察计算

观察 2 ~ 3 张片子，每片取 5 个视野，统计花粉的染色率，以染色率表示花粉的育性。

注意：此法不能准确表示花粉的活力，也不适用于研究某一处理对花粉活力的影响。因为三核期退化的花粉已有淀粉积累，遇碘也呈蓝色。

【思考题】

1. 哪一种方法更能准确地反映花粉的活力？

2. 本实验中的各种方法是否适合于所有植物花粉活力的测定？

（王秀玲）

实验 21　种子萌发和活力测定

种子活力（seed vitality）即种子健壮度，是种子内在的发芽、生长及生产的潜力。高活力的种子萌发迅速而整齐，幼苗健壮并能抵抗逆境的影响，植株充分生长发育，易于高产、稳产。掌握种子活力检测方法是作物栽培育种的基础。

Ⅰ　TTC 法

【实验原理】

以 TTC 的水溶液浸泡种子，使之渗入种胚的细胞内，如果种胚具有生活力，其含有的脱氢酶就可以将氧化态无色的 TTC 作为氢受体还原成水不溶性的红色的 TTF；如果种胚死亡便不能被染色；种胚生活力衰退或部分丧失生活力，则染色较浅或局部被染色。因此，可以根据种胚染色的部位或染色的深浅程度来鉴定种子活力。

【实验用品】

1. 材料

玉米或小麦种子等。

2. 器皿

培养皿，小烧杯，刀片，镊子，恒温培养箱。

3. 试剂

2 ~ 5 g/L TTC 溶液：TTC 可直接溶于水，溶于水后呈中性，pH 6.5 ~ 7.5（现用现配）。

【方法与步骤】

1. 浸种

将种子用温水（30 ~ 35℃）浸泡 2 ~ 6 h，使其充分吸胀。

2. 取种胚

随机取种子 100 粒，水稻种子要去壳，豆类种子要去皮，然后沿种胚中央准确切开，取其一半备用。

3. TTC 染色

将准备好的种子放入培养皿，浸于 TTC 溶液中，于恒温培养箱（30 ~ 35℃）中保温 30 min。也可在 20℃左右的室温下放置 40 ~ 60 min。

4. 观察

倒出 TTC 溶液，再用清水将种子冲洗 1 ~ 2 次，观察种胚被染色的情况。

注意事项：

（1）TTC 溶液最好现配现用，如需贮藏则应放入棕色试剂瓶中，在阴凉黑暗处存放。

（2）染色结束后要立即进行鉴定，因久置会褪色。

（3）判断无生活力的种子应具备的特征：胚全部或大部分不染色；胚根不染色部分不限于根尖；子叶不染色或丧失机能的组织超过 1/2；胚被染成很淡的紫红色或淡灰红色；子叶与胚中轴的连接处或在胚根上有坏死的部分；胚根受伤以及种子发育不良、未成熟。

Ⅱ 染料染色法

【实验原理】

有生活力的种子胚细胞的原生质膜具有半透性，有选择吸收外界物质的能力，一般染料不能进入细胞内，胚部不染色。而丧失生活力的种子，其胚部细胞原生质膜丧失了选择吸收能力，染料可自由进入细胞内使胚部染色，所以可根据种子胚部是否被染色来判断种子生活力。

【实验用品】

1. 材料

玉米和大豆等种子。

2. 用品

小烧杯，刀片，镊子。

3. 试剂

50 mg/L 红墨水（酸性大红 G）或 0.2 ~ 2 mg/L 靛红溶液。

【方法与步骤】

同 TTC 法步骤 1 ~ 4，其中 TTC 溶液替换为 50 mg/L 红墨水（或 0.2 ~ 2 mg/L靛红溶液）。

注意事项：

（1）染料的浓度要适当，染色时间不能太长（如用红墨水染色，只需 5 ~ 10 min 即可），否则不易区别染色与否。

（2）染料法测定种子生活力，以靛红染色法应用较广，它适用于禾谷类、豆类、麻类、瓜类、十字花科、棉花、果树、乔灌木种子的生活力测定。

【思考题】

1. TTC 法快速鉴定种子活力的实验操作中应注意什么？

2. 红墨水染色鉴定种子生活力与 TTC 法鉴定种子生活力有何不同？

（王秀玲）

实验 22 电导法测定种子活力

种子活力是检查种子品质的重要指标之一，与田间出苗率和出苗整齐度呈极显著相关。种子活力的测定方法有多种，国际种子检验协会（ISTA）已把电导率法列入种子活力测定的方法之一。电导率测定法有快速、简洁、灵敏度高的特点，可用于检验豌豆、菜豆、大豆、玉米等种子活力。

【实验原理】

电导率法测定种子活力的原理是种子吸胀初期，细胞膜重建和损伤修复的能力影响电解质和可溶性物质外渗的程度，重建膜完整性的速度越快，外渗物就越少，电导率与种子活力呈负相关。

【材料与用品】

1. 材料

不同老化处理或不同品种的待测植物（大豆、玉米等）种子。

2. 用品

DDS-11A 型电导率仪，烧杯，天平，超纯水，恒温培养箱。

【方法与步骤】

1. 材料处理

每个处理（不同老化处理或不同品种）种子随机取 100 粒，2 次重复，每个重复 50 粒种子。在 35 ~ 38℃条件下烘 24 h，再称其质量。然后用蒸馏水冲洗 2 次，再用超纯水冲洗 1 次，用滤纸吸干种子表面水分。将种子放入洁净的 250 mL 烧杯中，加入 150 mL 超纯水，以超纯水作对照。封口以防止水分蒸发，在 25℃下浸泡 24 ~ 36 h。

2. 测定电导值

用 DDS-11A 型电导率仪测定种子浸泡液及对照的电导率值。

3. 结果计算

每一重复的实际电导率为浸泡液电导率减去对照电导率，再按公式计算每一处理电导率，最后求平均值。种子活力以每克的电导率值来表示：

$$种子活力\left[\mu S/(cm\cdot g)\right]=\frac{\sigma_E-\sigma_{ck}}{m}$$

式中，σ_E 为样品电导值（μS/cm）；σ_{ck} 为对照电导值（μS/cm）；m 为样品质量（g）。

注意事项：

不同品种种子的浸泡时间和温度可能不尽相同，根据需要调整温度和时间。

【思考题】

1. 样品浸泡时间为什么不能太长或太短?

2. 为什么要控制浸泡过程中的温度?

（杨德翠）

实验 23　种子萌发时淀粉酶活性的测定

淀粉酶（amylase）几乎存在于所有植物中，尤其是萌发的禾谷类种子中活性最强，主要分为 α- 淀粉酶和 β- 淀粉酶。前者是淀粉水解的起始酶，主要对 α-1,4- 糖苷键起水解作用。后者水解淀粉非还原端的第二个 α-1,4- 糖苷键，其水解产物为麦芽糖、糊精等还原糖。

【实验原理】

本实验根据 α- 淀粉酶和 β- 淀粉酶的理化性质（对热和酸敏感度）不同，采用加热法钝化 β- 淀粉酶，然后再通过比色法测定 α- 淀粉酶的活性，再与非钝化条件下测出的总淀粉酶活性比较，求出 β- 淀粉酶活性。淀粉酶水解产物麦芽糖及其他还原糖在 540 nm 波长下能够将黄色的 3,5- 二硝基水杨酸还原为红色的 3- 氨基 -5- 硝基水杨酸，可通过此反应中红色物质形成的多少，来推算还原糖的量（该反应在一定范围内，红色的深浅与淀粉生成的还原糖的浓度成正比。可用麦芽糖或葡萄糖浓度表示）。

【实验用品】

1. 材料

萌发的小麦种子（芽长 1 cm 左右）。

2. 用品

分光光度计，离心机，恒温水浴锅，天平，研钵，具塞刻度试管，移液管，离心管，玻璃棒，容量瓶。

3. 试剂

（1）麦芽糖标准液（1 mg/mL）。

（2）0.1 mol/L pH 5.6 柠檬酸缓冲液　0.1 mol/L A 液：称取分析纯柠檬酸 21.01 g，用蒸馏水溶解并定容至 1 L；0.1 mol/L B 液：称取柠檬酸钠 29.41 g，用蒸馏水溶解并定容至 1 L；取 A 液 11 mL，B 液 29 mL 混匀后即为 0.1 mol/L pH 5.6 柠檬酸缓冲液。

（3）DNS 试剂　称取 3,5- 二硝基水杨酸 1 g，溶于 20 mL 1 mol/L NaOH 中，加蒸馏水 50 mL，再加入酒石酸钾钠 30 g，溶解后用蒸馏水稀释到 100 mL，盖紧瓶塞，勿使 CO_2 进入，贮存于暗处。

（4）10 g/L 淀粉溶液　称取 1 g 淀粉，溶于 100 mL 0.1 mol/L pH 5.6 的柠檬酸缓冲液。

【方法与步骤】

1. 提取淀粉酶原液

称取萌发的小麦种子 1.0 g，置于研钵内，加少许石英砂及 2 mL 蒸馏水，研磨成匀浆后转入离心管中，用 7 mL 蒸馏水分次将残渣洗入离心管，在室温（20 ~ 25℃）下放置 20 min，为提取充分，其间每隔数分钟用玻璃棒搅动一次。然后在 3 000 r/min 下离心 10 min，将上清液转入 50 mL 容量瓶内，用蒸馏水稀释至刻度，摇匀，即为淀粉酶原液。

2. 淀粉酶原液稀释

吸取淀粉酶原液 5 mL，放入 50 mL 容量瓶中，用蒸馏水稀释至刻度，摇匀，即为淀粉酶稀释液。

3. 麦芽糖标准曲线制作

取 7 支具塞刻度试管，编号，按表Ⅱ-9 加入各种试剂。混匀，在沸水浴中加热 5 min，取出冷却，加蒸馏水定容至 20 mL 刻度，摇匀。以 1 号管为空白，在 540 nm 波长下比色测定其他各管的吸光度值。以麦芽糖含量为横坐标，吸光度值为纵坐标，绘制麦芽糖标准曲线。

表Ⅱ-9　麦芽糖标准曲线试剂配制表

试剂	管号						
	1	2	3	4	5	6	7
麦芽糖标准液 /mL	0	0.2	0.4	0.8	1.2	1.6	2.0
蒸馏水 /mL	2.0	1.8	1.6	1.2	0.8	0.4	0
DNS 试剂 /mL	2.0	2.0	2.0	2.0	2.0	2.0	2.0
麦芽糖含量 /mg	0	0.2	0.4	0.8	1.2	1.6	2.0

4. α- 淀粉酶活性的测定

（1）向 4 支刻度试管（2 支为对照管，2 支为测定管）内分别加入淀粉酶原液 1 mL，将其置于 70℃水浴中加热 15 min，取出试管后用自来水冷却。

（2）向 2 支对照管中分别加入 2 mL DNS 试剂，将对照管和测定管置于 40℃水浴中保温 15 min，再向各管分别加入 10 g/L 淀粉溶液 1 mL（已经在 40℃下预热）。摇匀后立即放入 40℃水浴中保温 5 min。

（3）向 2 支测定管中分别加入 2 mL DNS 试剂；将以上各管摇匀，置于沸水浴中加热 5 min，取出冷却，用蒸馏水稀释至 20 mL，摇匀，在 540 nm 波长下比色测定。

5.（α + β）– 淀粉酶总活性

（1）向 4 支具塞刻度试管（2 支对照管，2 支测定管）内分别加入淀粉酶稀释液 1 mL，并向 2 支对照管内分别加入 2 mL DNS 试剂。将其和测定管置于 40℃水浴中保温 15 min，再向各管加入 10 g/L 淀粉溶液 1 mL（已经在 40℃下预热）。摇匀后立即放入 40℃水浴中保温 5 min。

（2）向 2 支测定管中分别加入 2 mL DNS 试剂；将以上各管摇匀，置于沸水浴中加热 5 min，取出冷却，用蒸馏水稀释至 20 mL，摇匀，在 540 nm 波长下比色测定。

【结果与计算】

以单位质量样品在一定时间内生成的还原糖的量表示淀粉酶活性的大小。

计算 α– 淀粉酶活性中测得的测定管吸光度值与对照管吸光度值之差，在标准曲线上查出对应的麦芽糖含量（mg），再按下式计算出 α– 淀粉酶活性。

$$\alpha\text{– 淀粉酶活性}\,[\mathrm{mg}/(\mathrm{g}\cdot\mathrm{min})] = (m_\alpha \times V_\mathrm{T})/(m \times t \times V_1)$$

式中，m_α 为 α– 淀粉酶水解淀粉生成的麦芽糖量（mg）；V_1 为显色时所用酶液体积（mL）；V_T 为样品稀释液总体积（mL）；t 为酶作用时间（min）；m 为样品鲜重（g）。

计算（α + β）– 淀粉酶总活力中测得的测定管吸光度值与对照管吸光度值之差，在标准曲线上查出对应的麦芽糖含量（mg），再按下式计算出（α + β）– 淀粉酶活性。

$$(\alpha+\beta)\text{– 淀粉酶活性}\,[\mathrm{mg}/(\mathrm{g}\cdot\mathrm{min})] = (m_r \times V_\mathrm{T})/(m \times t \times V_1)$$

式中，m_r 为（α + β）– 淀粉酶水解淀粉生成的麦芽糖含量（mg）。

【思考题】

1. 试比较 α– 淀粉酶和 β– 淀粉酶的理化特性及作用方式有何不同？
2. 本实验中设置对照的意义及影响实验准确性的因素分别是什么？

【参考文献】

刘家尧，刘新 . 植物生理学实验教程［M］. 北京：高等教育出版社，2010.

（柏素花）

实验 24　植物组织培养技术

植物组织培养技术（plant tissue culture technique）是把植物的器官、组织应用无菌操作使其在人工条件下能够继续生长，甚至分化发育成一完整植株的过程。其应用十分广泛，主要应用于无性系的快速繁殖、无病毒苗的培育、新品种的选育、种质保存、药用植物和次生物质的工业化生产以及植物科学研究。

Ⅰ　植物组织培养的一般技术

【实验原理】

教学课件 2-9 植物组织培养技术

植物细胞具有全能性，即每个植物细胞包含着能产生完整植株的全部遗传基因。从理论上讲，只要条件合适，包含着全部遗传基因的细胞都能分裂分化，产生完整的植株。

【实验用品】

1. 材料

大田或温室等生长的植物部分（根、茎、叶、花、幼果或子叶胚轴等）。

2. 用品

天平，高压灭菌锅，三角瓶，解剖刀，烧杯，剪刀，培养皿，pH 试纸，超净工作台，容量瓶，移液管，酒精灯，长柄镊子，棉花，线绳，吸水纸，纱布，油纸若干。

3. 试剂

（1）消毒剂 2% 新苯扎氯铵，用于无菌室的地面、墙壁、桌面和椅子等用具的消毒灭菌；高锰酸钾和甲醛，一般用于接种室的熏蒸；材料表面的消毒剂有 $HgCl_2$、$AgNO_3$、$Ca(ClO)_2$、NaClO、溴水、H_2O_2 及 75% 乙醇等。

（2）培养基组成成分 各种无机盐类和有机化学试剂等，详见表Ⅱ-10。

表Ⅱ-10 植物组织培养常用培养基的矿质成分 单位：mg/L

	矿质盐类	MS	ER	HE	N_6	改良 White
大量元素	NH_4NO_3	1 650	1 200		463	
	KNO_3	1 900	1 900		2 830	80
	$CaCl_2·2H_2O$	440	440	75	166	
	$MgSO_4·7H_2O$	370	370	250	185	720
	KH_2PO_4	170	340		400	
	$Ca(NO_3)_2·4H_2O$					300
	Na_2SO_4					200
	$NaNO_3$			600		
	$NaH_2PO_4·H_2O$			125		16.5
	KCl			750		65
微量元素	KI	0.83		0.01	0.8	0.75
	H_3BO_3	6.2	0.63	1.0	1.6	1.5
	$MnSO_4·4H_2O$	22.3	2.23	0.1	4.4	7
	$ZnSO_4·7H_2O$	10.6		1.0	1.5	3
	Zn（螯合的）		15			
	$Na_2M_0O_4·2H_2O$	0.25	0.025			
	$CuSO_4·5H_2O$	0.025	0.0025	0.03		0.001
	$CoCl_2·6H_2O$	0.025	0.0025			
	$AlCl_3$			0.03		
	$NiCl_2·6H_2O$			0.03		
	$FeCl_3·6H_2O$			1.0		

续表

矿质盐类		MS	ER	HE	N_6	改良 White
微量元素	EDTA-Na_2	37.3	37.3		37.3	
	$FeSO_4·7H_2O$	27.8	27.8		27.8	
	$Fe_2(SO_4)_3$					2.5

【方法与步骤】

1. 培养基的种类、成分及配制

培养基的成分：植物组织培养所采用的培养基大体包括 5 类成分。

（1）无机盐　满足植物生长所需要的大量元素如 N、P、K、S、Ca、Mg 及微量元素 Cl、B、Zn、Mn、Mo、Cu、Co、Fe 等。

（2）碳源　一般以 20～40 g/L 蔗糖为好。

（3）维生素类物质　维生素 B_1、维生素 B_6、烟酸和肌醇等。这类物质的常用量为：维生素 B_1 为 0.1～10 mg/L；维生素 B_6 为 0.1～1.0 mg/L；肌醇为 50～100 mg/L；烟酸、叶酸一般为 0.5～5.0 mg/L。

（4）生长调节剂　生长素（IAA）、α-萘乙酸（NAA）、2,4-D 和激动素（KT）、BA 等。这些物质的适宜浓度为：IAA 是 10^{-10}～10^{-5} mol/L 或 1～10 mg/L；2,4-D 是 10^{-7}～10^{-5} mol/L；NAA 为 10^{-7}～10^{-3} mol/L；KT、BA 的为 10^{-7}～10^{-6} mol/L。

（5）有机添加物　蛋白质水解物、酵母提取物、麦芽提取物和椰子乳等，它们不是组织培养所必需的；但加入以后，可以起较好的作用。

培养基的种类：在长期的组织培养中根据不同材料和实验目的，科学工作者设计了许多不同种类的培养基，最常用的培养基名称及其成分见表Ⅱ-11。

表Ⅱ-11　常用培养基有机成分　　单位：mg/L

试剂	MS	ER	HE	N_6	改良 White
肌醇	100		100		100
烟酸	0.5	0.5		0.5	0.3
盐酸吡哆醇	0.5	0.5		0.5	0.1
盐酸硫胺素	0.4	0.5	1.0	1.0	0.1
甘氨酸	2.0	2.0		2.0	3
D-泛酸钙			2.5		
半胱氨酸			10		
尿素			200		
氯化胆碱			0.5		
吲哚乙酸	1～30			0.2	

续表

试剂	MS	ER	HE	N_6	改良 White
萘乙酸		1.0			
激动素	0.04 ~ 10	0.02	0.25	1.0	
2,4–D			1.0	2.0	
蔗糖	30 000	40 000	20 000	50 000	20 000
琼脂	10 000			10 000	10 000
pH	5.8	5.8	5.8	5.8	5.6

注：MS（Murashige Skoog）培养基（1962 年）最初是为培养烟草细胞设计的，目前应用较广泛；ER（Eriksson）培养基（1965 年）与 MS 培养基相似；HE（Heller）培养基（1953 年）在欧洲使用广泛；N_6 培养基（1974 年）是中国科学院植物研究所的科研人员自主设计的，适用于禾谷类植物花药和花粉的培养；改良 White 培养基（1963 年）是为培养离体根而设计的。

本实验选用 MS 培养基的无机成分作为基本培养基，蔗糖为 30 g/L，琼脂为 5 ~ 10 g/L，pH 5.8；附加成分有 α– 萘乙酸、激动素、维生素 B_1、维生素 B_6、烟酸和肌醇。

对于经常使用的培养基，可先将各种药品配制成 10 倍或 100 倍的母液，放入冰箱中保存，使用时按比例稀释，一般配成大量元素、微量元素、维生素、铁盐母液；植物激素的配制先配制一定浓度，用时按量吸取。母液的配制原则是将能合并的合并起来配制，不能合并的则单独配制，配成一定的浓度，便于保存。本实验中共配制 9 种母液。

（1）3.4 g KH_2PO_4、0.124 g H_3BO_3、16 g KI、5 g $Na_2MoO_4·2H_2O$ 用无离子水溶解后定容至 200 mL。

（2）5 mg $CoCl_2·6H_2O$、7.4 g $MgSO_4·7H_2O$、0.446 g $MnSO_4·H_2O$、0.172 g $ZnSO_4·7H_2O$、0.5 mg $CuSO_4·5H_2O$ 用无离子水溶解后定容至 200 mL。

（3）746 g EDTA–Na_2、0.556 g $FeSO_4·7H_2O$ 用无离子水溶解后定容至 200 mL。

（4）33 g NH_4NO_3 在无离子水中溶解后定容至 200 mL。

（5）38 g KNO_3 在无离子水中溶解后定容至 200 mL。

（6）8.8 g $CaCl_2·H_2O$ 用少量无离子水溶解后定容至 200 mL。

（7）2 g 肌醇、10 g 烟酸、10 g 维生素 B_1、5 mg 维生素 B_6 用少量无离子水溶解后定容至 200 mL。

（8）α– 萘乙酸溶液　精确称取 α– 萘乙酸 20 mg，先用少量乙醇溶解，然后逐滴加无离子水定容至 200 mL。

（9）激动素溶液　精确称取 KT 20 mg 溶于少量 1 mol/L HCl 中，再加无离子水定容至 200 mL。

母液配好后，应放在阴凉黑暗的条件下或冰箱中保存。每次配制的母液最好在 1 个月内用完，生长素类试剂最好随配随用，存放时间不得超过 10 d。

培养基的制作：吸取（1）~（7）号上述母液各 5 mL 置于容量瓶中，再加入 15 g 蔗糖，溶解后，加（8）和（9）号母液各 10 mL，混匀后加蒸馏水至 450 mL 左右，用 0.5 mol/L

NaOH 溶液调 pH 至 5.8，加水定容至 500 mL。然后将混匀的溶液倒入烧杯中，加入琼脂 5 g，加热融化（如果琼脂品质不好，含杂质较多，可事先在水中浸泡，清洗后使用）。待琼脂彻底融化后，开始分装。

培养基的分装：将制作好的培养基分装到组织培养用的三角瓶中，分装时，应在三角瓶口放一漏斗，小心地将培养基倒入三角瓶中，以免瓶口沾上培养基，容易引起污染。分装量可根据三角瓶大小而定，一般使培养基体积占瓶体的 1/4 ~ 2/5 比较合适。500 mL 培养基可装 100 ~ 125 mL 的三角瓶 12 ~ 15 瓶。装好后，塞上棉塞，用羊皮纸包严，扎紧线绳，准备灭菌。

2. 灭菌

培养基制作并分装好后应尽快灭菌，一般采用湿热灭菌法，即高温高压灭菌。灭菌时一般不宜压力过大、时间过长，以防高温高压引起培养基成分的改变，尤其是激素类物质超过一定的温度范围易于分解，常用压力为 1 kg/cm^2，灭菌时间为 15 ~ 20 min。

视频 2-19 灭菌器的使用

本次实验培养基灭菌的压力为 0.9 ~ 1 kg/cm^2，灭菌时间为 20 min。玻璃器皿及用具、无菌水的灭菌应适当增加灭菌压力和延长灭菌时间，一般为 1.2 ~ 1.3 kg/cm^2、30 ~ 50 min。在对用具进行灭菌前，准备好蒸馏水，用棉塞塞好，用纸包严，扎紧线绳，同时再准备两套培养皿、皿底内铺两张与培养皿大小相一致的滤纸，盖好皿盖，用羊皮纸分别包好，两包合起来，再用一块纱布包好，扎上线绳，一起灭菌。为了灭菌彻底，应使蒸汽充分到达各个部分。现在已知的微生物在 115℃下 1 min 内即被杀死，之所以需要稍长时间灭菌，是因为灭菌物品的包装可能尚有冷空气未全部排除或蒸汽还未达到各个部分的缘故。蒸汽灭菌锅在气压升高前，应先让蒸汽到达各个部分，并使冷空气完全排除。关闭排气阀后，使气压升高至所要压力，然后开始计时并维持压力至所需时间。为避免培养基或蒸馏水因压力改变而沸腾并冲出瓶口，压力下降的速度必须缓慢，故在灭菌结束后不能立即打开排气阀门而要等压力下降后才可打开灭菌锅，取出灭过菌的无菌水、培养基等。

3. 接种

植物组织培养的接种是指把从植物体取下的器官、组织等部分经过表面消毒，冲洗和切碎或分离出组织、细胞，并将它们转移到无菌培养基上的全部操作过程。整个过程都是无菌操作。

接种室的消毒：接种要求无菌的环境，但一般接种操作的时间都比较长，所以容易污染。为了避免污染，最好在专门的接种室进行接种。理想的接种室，墙壁应当光滑，地面平坦无缝，避免灰尘积累而且便于清洁，同时也要防止空气对流，避免灰尘入内。如果没有专门的接种室，可用接种箱代替。目前我国科研单位已普遍应用超净工作台代替专门的接种室。超净工作台可过滤空气中较大的尘粒（直径 50 μm 以上的），可使每升空气中的尘粒数减少到 50 粒以下。对于接种室和超净工作台，在使用前都要用 2% 新苯扎氯铵擦净，然后用紫外线灯（一般在 3 ~ 4 m^2 内安装 1 ~ 2 支）照射 20 min 杀菌。接种前再用 75% 乙醇喷雾消毒，使室内灰尘沉降。为了避免工作人员的出入携带细菌，一般在接种室外面最好设有准备室（放置工作服、拖鞋、帽子等），准备室也应当安装紫外线灯用于灭菌。

接种程序：植物组织培养的接种与微生物的接种过程基本相同，不同的是植物材料在接种时也要经过表面消毒，接种的具体步骤如下。

（1）把从大田或温室内选取的植物材料（根、茎、叶或植物幼苗）用水冲净。

（2）用 75% 乙醇漂洗植物材料 0.5 min，再用无菌水冲洗材料。

（3）将材料放入 0.1% $HgCl_2$ 或 10 g/L 漂白粉（主要成分是 $Ca(ClO)_2$）溶液中进行表面消毒，消毒时间的长短，因所用消毒剂的种类和植物材料的不同而异，如表Ⅱ-12 所示。因此，在组织培养中要针对具体的植物材料选取合适的消毒剂（包括种类、浓度）和决定消毒时间的长短。用消毒后的解剖刀将材料切成小块，切块的大小和形式没有严格限制，但不能太小，否则细胞分裂难以发生。切块的大小也可因材料的多少而定，如果材料不多，则切块尽量小些，便于得到大量的外植体。切块的最小限度与亲本组织细胞的平均大小有关。实验证明，细胞大的植物材料，切块要适当大些，否则难以成活。如，番茄和杨树的叶子切成大约 5 mm × 5 mm 的小块，马铃薯块茎切成 4 mm × 2.5 mm × 1 mm 的小块，马铃薯幼苗切成直径 4 ~ 5 mm 的小块容易成活。

表Ⅱ-12　常用消毒剂的比较

消毒剂	使用含量	去除难易	消毒时间 /min	效果
$Ca(ClO)_2$	90 ~ 100 g/L	易	5 ~ 30	很好
NaClO	200 g/L	易	5 ~ 30	很好
H_2O_2	10% ~ 120%	最易	5 ~ 15	好
溴水	1% ~ 2%	易	2 ~ 10	很好
$AgNO_3$	1%	较难	5 ~ 30	好
$HgCl_2$	0.1% ~ 1%	较难	2 ~ 10	最好
抗生素	4 ~ 50 mg/L	中	30 ~ 60	较好

（4）用灭菌后的镊子将切好的材料块转移到培养瓶中的培养基上，每瓶中放置小块数根据切块的大小而定，一般为 1 ~ 4 或 5 块。放置小块过多会影响到成活，因固体培养基中的营养物质不易移动材料过多易导致营养不足。放置好材料的培养瓶，应立即塞好瓶塞。

（5）用一小块锡箔纸包好瓶口；并用线绳或橡皮绳缠两圈结成活扣，便于以后解开。

接种的每个步骤都要进行用具的消毒，通常在接种时，用具（刀子、镊子）都插入盛有酒精的瓶子中，使用的时候先把用具在酒精灯上进行灼烧灭菌。此外，在打开培养瓶时瓶口也要在酒精灯火焰上倾斜转动进行灼烧灭菌和防止外菌落入瓶内，否则，接种后容易污染。植物不同器官的消毒顺序参考表Ⅱ-13。

表Ⅱ-13　植物不同器官的消毒

组织	消毒前	消毒	消毒后	备注
种子	用无水乙醇浸泡 10 min，再用无菌水漂洗	用 100 g/L $Ca(ClO)_2$ 浸泡 20 ~ 30 min，再用 1% 溴水浸泡 5 min，无菌水冲洗 3 次，在无菌水中发芽或用无菌水冲洗 5 次；在滤纸上发芽	用幼根或芽来发生愈伤组织	

续表

组织	消毒前	消毒	消毒后	备注
果实	用无水乙醇迅速漂洗	用 20 g/L NaClO 浸泡 10 min	用无菌水反复冲洗，再剖除种子或内部组织	获得无菌苗
茎段	用自来水洗净，再用无水乙醇漂洗	用 20 g/L NaClO 浸泡 15 ~ 30 min，无菌水冲洗 3 次	直立在琼脂培养基上或切取组织进行培养	
贮藏器官	用自来水洗净	用 20 g/L NaClO 浸泡 20 ~ 30 min，用无菌水冲洗 3 次，再用滤纸吸干残留的水分	从消毒材料内部取出组织来培养	
叶片	用自来水洗净，吸干残留的水分，再用无水乙醇漂洗	用 1 g/L $HgCl_2$ 浸泡 15 min 或用 20 g/L NaClO 浸泡 15 ~ 20 min	用无菌水反复冲洗，再用滤纸吸干表面残留的水分	选取嫩叶（均匀放在培养基上）或叶柄（插在培养基上）

本次实验接种程序与上述的接种程序完全相同，材料的消毒剂用的是 50 g/L 漂白粉，消毒时间为 7 min。

4. 恒温培养

接种有植物组织的三角瓶或试管等，一般放在清洁的托盘内送到培养室中去培养。据不同植物组织对光照强度的不同要求选择光照强度，一般为 1 000 ~ 2 000 lx；有的植物组织生长时不需要光照，应在暗室内培养或用黑色材料包裹在容器的周围。培养室一般是 25 ~ 27℃的恒温条件，有些植物材料在低于或高于该温度范围时也能很好地生长，可以根据材料不同适当提高或降低室温。本实验中培养室温度为 20 ~ 25℃，用 40 W 日光灯作为光源。

视频 2-20 外植体的消毒

视频 2-21 超净工作台的使用

视频 2-22 外植体的接种

在上述条件下，一般经过 2 ~ 3 周，在组织切口处就可以产生大量愈伤组织（大豆子叶经过 7 d 以后就能产生愈伤组织）。愈伤组织从开始产生到停止生长期间，有一个生长旺盛期，此时生长速度和生长量迅速增加，之后生长逐渐减慢。为了获得足够的愈伤组织用于器官分化和保存愈伤组织，需进行继代培养。必须将组织转移到新的培养基上，再次产生新的愈伤组织，这个转移的过程称为继代培养。一般在 25 ~ 28℃下进行固体培养时，每隔 4 ~ 6 周进行一次继代培养。若组织块较小，继代培养时可将整块组织转移过去；若组织块较大，可先将组织分成几个小块再转移。继代培养必须及时进行，长期不继代，代谢产物的累积会对组织起毒害作用。若在培养基中加入 0.5% 的活性炭，可以吸附代谢产物，减轻对植物组织的毒害。

5. 由愈伤组织分化出芽和根的培养

将愈伤组织转移到含有适当组合和适当浓度的生长调节物质的培养基上，进行培养，便能产生出芽和根并逐渐形成植物幼苗。

通常进行组织培养时所用的生长调节物质有生长素类物质（2,4-D、IAA 和 NAA）和细胞分裂素类物质（6-BA 和 KT），在培养基中分别加入上述两类物质中的一种。

注意事项：

（1）本实验为无菌培养，要特别注意消毒和清洁工作，否则将引起严重污染。

（2）高压灭菌要严格按规定进行，压力过高和时间过长不仅会使琼脂变成溶胶状态，而且易出危险。

（3）本实验周期长，一定要坚持观察和记录。

Ⅱ　烟草叶组织培养中的形态发生和器官形成

【实验原理】

对离体状态的植物组织给予一定条件，则已经分化并停止生长的细胞又能重新分裂生长，形成没有组织结构的细胞团，即愈伤组织，这一过程常被称为“脱分化”作用。已经脱分化了的愈伤组织，在一定条件下，又能再分化形成根和芽。植物激素在再分化中起着主要作用。培养基成分中生长素和细胞分裂素的比例决定了根或芽的分化。

【实验用品】

1. 材料

生长旺盛的烟草叶片。

2. 用品

见实验 18–Ⅰ。

3. 试剂

75% 乙醇，1 g/L $HgCl_2$，无菌水，1 mol/L NaOH，1 mol/L HCl，100 mg/L 6–BA，100 mg/L NAA，100 mg/L IAA，蔗糖，琼脂。

【方法与步骤】

1. 培养基的配制

以 MS 培养基作为基本培养基，其激素处理如下。

（1）MS_0（不添加任何激素）。

（2）MS + 1 mg/L BA ＋ 2 mg/L NAA。

（3）MS + 0.5 mg/L BA ＋ 0.1 mg/L IAA。

以上处理均加入蔗糖 30 g/L，琼脂 5 g/L，pH 调至 5.8。分装入 50 mL 三角瓶中，每升可分装 60 瓶，在高压灭菌锅内 121 ~ 126℃灭菌 20 min。

2. 材料的处理

（1）叶片的处理　叶片取下后，先用自来水冲洗干净，然后用 1 g/L $HgCl_2$ 消毒 8 min，在无菌条件下用无菌水冲洗 3 ~ 4 次，置于无菌培养皿中备用。

彩图 2–14 烟草叶片分化

（2）接种　在无菌条件下，用火焰灼烧灭菌后的解剖刀将叶片的主脉除去，将叶片切成 5 mm × 5 mm 的小方块，每瓶接种 3 ~ 4 块。

3. 培养

接种后将培养瓶放入培养室（温度控制在 25 ~ 28℃）的培养架上进行培养，培养 2 周后开始观察记录，每 5 d 观察 1 次，直至出现明显的结果。

注意事项：

（1）进入接种室前，必须把手清洗干净，换上拖鞋，操作前用酒精棉擦手，不准携带与实验无关的物品进入接种室，以免引起污染。

（2）叶片切块放入培养基时，上表皮朝上，下表皮与培养基接触。

【思考题】

1. 植物激素对愈伤组织形成及器官分化有何影响？

2. 在植物组织培养过程中应注意什么？

3. 植物组织培养的主要类型有哪些？选择不同培养方法的主要依据是什么？

4. 在 3 种培养基上烟草组织的生长分化状况有什么不同？为什么？

（柏素花）

实验 25　植物激素含量的测定（ELISA 法）

植物激素是对植物生长发育具有重要调控作用的小分子化合物，在低浓度下就能发挥生理作用，参与调控植物生长发育的过程。植物激素的合成、运输、代谢和分子作用机制的深入研究都需要对植物激素进行定量分析。但植物激素定量分析受到低含量、次生代谢产物背景干扰严重等因素的影响，一直是植物激素研究领域的难点。近年来，随着植物激素在提取、纯化和检测方法等方面的发展，植物激素定量分析取得一定进展。酶联免疫吸附测定技术和色谱 / 质谱联用技术成为植物激素定量分析领域被广泛采用的技术手段。其中，酶联免疫吸附测定（enzyme-linked immunosorbent assay，ELISA）是在免疫酶技术（immunoenzymatic technique）的基础上发展起来的一种新型的免疫测定技术。该技术于 20 世纪 70 年代初期由 Engvall 等人首先建立的，具有灵敏度和特异性高的特点，且方便、快速、安全、成本低廉，被广泛应用于植物激素含量的测定。

【实验原理】

教学课件 2-10 ELISA 法测定植物激素含量

ELISA 是建立在两个重要的生物化学反应基础之上的，即抗原抗体反应的高度专一性和敏感性以及酶的高效催化特性。ELISA 把这两者有机地结合在一起，即被分析物先与其相应的抗体或抗原反应，然后再检测抗体或抗原上酶标记物的活性，从而达到定性或定量测定的目的。

ELISA 有很多类型，但常用于植物激素测定的有两种：固相抗原型（间接法）和固相抗体型（直接法）。ELISA 的基本过程包括固相载体吸附抗体（或抗原），加入待测抗原（或抗体），再与相应的酶标抗体（或酶标抗原）进行抗体抗原的特异免疫反应，生成抗体（抗原）– 待测抗原（抗体）– 酶标抗体（抗原）的复合物，最后再与该酶的底物反应生成有色产物。因此可以借助于吸光度计算抗原（或抗体）的含量。

间接法是将过量的与蛋白质连接的待测植物激素（实验前将该激素与牛血清白蛋白等蛋白质连接成激素 – 蛋白质复合物）吸附在固相支持物上，然后加入待测植物激素和相应抗体，使抗体与待测植物激素及激素 – 蛋白质复合物结合，再加入酶标抗体（标记酶与非特异第二抗体的复合物），就形成蛋白质－激素－第一抗体－第二抗体－酶复合物，加入底物后就生成有色产物，测定其吸光率，可计算待测抗原的量。如果抗体、激素－蛋白质复合物和酶标抗体的量已知，并且激素－蛋白质复合物和待测激素的总量超过抗体的量，那么生成的蛋白质－激素－第一抗体－第二抗体－酶复合物的量就受待测激素含量的限制，因此待测抗原的量将与吸光度成反比。图Ⅱ–5 表示间接酶联免疫方法的基本原理。

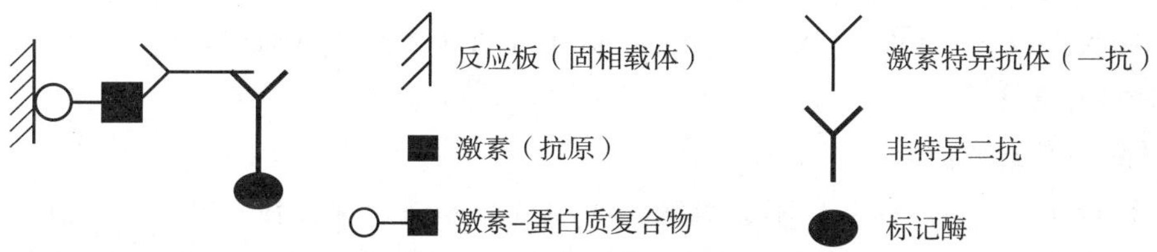

图Ⅱ–5　间接酶联免疫原理示意图

直接酶联免疫法是先将抗体吸附在固相支持物上，然后加入酶标抗原（实验前将待测植物激素与酶相连形成复合物）和待测植物激素，产生抗体－激素－酶复合物，最后加入底物，生成有色产物，根据产物吸光度的大小可以计算出待测植物激素的量。如果吸附抗体和酶标抗原的量恒定，并且酶标抗原与待测激素之和大于抗体的量，则形成的抗体－激素－酶复合物量受待测激素的限制，因此待测激素的量将与有色产物的量成正比。图Ⅱ–6 表示直接酶联免疫方法的基本原理。

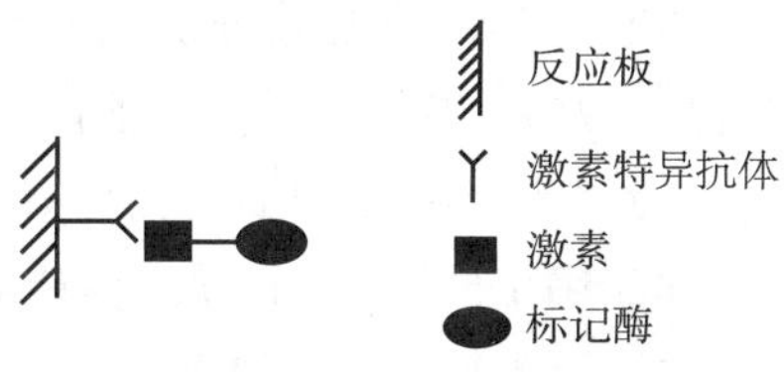

图Ⅱ–6　直接酶联免疫原理示意图

本实验所采取的方法，则是利用游离抗原和吸附抗原与游离抗体的竞争性结合反应，它的原理可用下式表示：

$$2Ab + H + HP = AbH + AbHP$$

式中，Ab 表示抗体，H 表示游离激素，HP 表示吸附在反应板上的激素－蛋白质复合物。根据质量作用定律，当该反应体系中 Ab、HP 的量确定时，游离 H 越多，形成的结合物 AbH 就越多，而 AbHP 形成得就越少，结合在反应板上的抗体就越少，通过酶标二抗检测结合物 AbHP 的多少，就可以确定游离 H 的多少。

【实验用品】

1. 材料

待测植物组织。

2. 用品

聚苯乙烯微量反应板（40 孔或 96 孔），可调式微量移液器（200 μL），离心机，烧杯，试管，恒温培养箱，酶联免疫测定仪（微量分光光度计），吸水纸等。

3. 试剂

（1）包被缓冲液（pH 9.6）　称取 0.3 g Na_2CO_3、0.586 g $NaHCO_3$、0.04g NaN_3（有毒），用蒸馏水溶解，定容至 200 mL。

（2）磷酸盐缓冲液（PBS，pH 7.5）　称取 8.0 g NaCl、0.2 g KH_2PO_4、2.96 g $Na_2HPO_4·12\,H_2O$，

用蒸馏水溶解，定容至 1 000 mL。

（3）样品稀释液　100 mL PBS 中加入 0.1 mL 吐温 -20、0.1 g 明胶（稍加热）。

（4）底物缓冲液（pH 5.0）　称取 5.10 g $C_6H_8O_7 \cdot H_2O$（柠檬酸）、18.43 g $Na_2HPO_4 \cdot 12\ H_2O$，用蒸馏水溶解，定容至 1 000 mL，再加 1 mL 吐温 -20。

视频 2-23 ELISA 实验洗板操作

（5）洗涤液　2 000 mL PBS 中加入 2 mL 吐温 -20。

（6）终止液　4 ~ 6 mol/L H_2SO_4　5 mL × 10。

（7）样品提取液　80% 甲醇，内含 1 mmol/L BHT（二叔丁基对甲苯酚）。

【方法与步骤】

1. 样品中激素的提取

（1）称取 1 g 左右的材料（不立刻测定时用液氮速冻后保存在 -20℃冰箱中），加 2 mL 样品提取液，在冰浴下研磨成细的匀浆，转入 10 mL 试管中，再用 2 mL 样品提取液分次冲洗研钵并转入试管中，摇匀。

（2）在 4℃下提取 4 h，3 000 ~ 4 000 r/min 离心 15 ~ 20 min，取上清液，沉淀中加 1 mL 样品提取液，摇匀，置 4℃下再提取 1 h，离心，合并上清液。记录体积，弃去残渣。

（3）将一定体积的上清液转入 5 mL 离心管中，用 N_2 吹干，用样品稀释液定容（一般 1 g 样品用 1.5 ~ 2.0 mL 样品稀释液定容），摇匀后用于测定。

2. 样品测定

（1）包被　向 10 mL 包被缓冲液中加入一定体积的各个激素包被抗原（激素 - 蛋白质复合物），按最适稀释倍数混匀，每孔加 100 μL。然后将酶标板放入内铺湿纱布的带盖瓷盘内。包被条件：对于 IAA、ABA、iP + iPA、GA_4，37℃保持 3 h。

注意：包被时切记包被缓冲液不要被表面活性剂吐温 -20 等污染。将边缘孔也加包被缓冲液。

（2）洗板　将包被好的酶标板取出，放在室温下平衡。用洗涤液洗 4 次，第一次迅速倒掉并甩干。第 2、3、4 次放置 1 min，洗板后在吸水纸上甩干。

（3）竞争　①配制标样：在小试管中取样品稀释液 0.98 mL，加 20 μL 待测激素的标样试剂（100 μg/mL），即为 2 000 ng/mL 标准液，然后稀释成一系列溶液（2 000 ng/mL、1 000 ng/mL、500 ng/mL、250 ng/mL、125 ng/mL、62.5 ng/mL、31.25 ng/mL、0）。②加标样和样品：每个浓度加 3 孔，每孔 50 μL，每个样品重复 3 孔，边缘孔不加。③加抗体：在 5 mL 样品稀释液中加入最佳稀释倍数的抗体，混匀后，每孔加 50 μL，然后将酶标板放入湿盒内开始竞争。竞争条件：GA_4 为 37℃保持 15 min；IAA、ABA、iPA + iP 为 37℃保持 0.5 h。

（4）洗板　同步骤（2）。

（5）加 IgG-HRP（二抗）　在 10 mL 样品稀释液中按最佳稀释倍数加入酶标羊抗兔抗体，混匀后，每孔加 100 μL，然后将其放入湿盒内，37℃下孵育 30 min。

（6）洗板　同步骤（2），洗 5 次。

（7）加底物显色　底物要现配现用。称取 10 ~ 20 mg 邻苯二胺（OPD）溶于 10 mL 底物缓冲液中（小心勿用手接触），完全溶解后加 4 μL 30% H_2O_2，混匀，每孔加 100 μL（在暗处操作），然后放入湿盒内，当显色适当后，即 0 ng/mL 孔 A_{490} 为 1.2 ~ 1.5，而本底即完全抑制孔不超过 0.1 ~ 0.2（两者之差为 1 左右）。向每孔加入 50 μL 2 ~ 3 mol/L H_2SO_4 终止反应。

注：ABA、IAA、GA_4 在 37℃显色 15 ~ 25 min。IPA 在室温下显色 5 ~ 10 min。

（8）比色　用标准曲线最高浓度孔调零，测定 A_{490}。

【结果计算】

用于 ELISA 结果计算最方便的是 logit 曲线，曲线的横坐标用各激素标样质量浓度（ng/mL）的自然对数表示，纵坐标用各质量浓度显色值的 logit 值表示。可根据 logit 曲线求得样品中激素的质量浓度（ng/mL），然后再计算激素的含量（ng/g），logit 值的计算方法如下：

$$\mathrm{Logit}(B_0/B) = \mathrm{In}\,\frac{B/B_0}{1-B/B_0}$$

式中，B_0 是未添加激素孔的显色值，B 是其他孔的显色值。

本实验作出的 logit 曲线在检测范围内应是直线。可根据待测样品显色值的 logit 值，从曲线上查出其所对应的激素质量浓度的自然对数，再经过反对数计算即可知其激素的质量浓度。

注意事项：

（1）本实验中的缓冲液均放入 4℃冰箱保存（最多 1 周）；抗原、抗体、二抗及标准物保存在 −20℃下；尽量缩短取样时间。

（2）加样误差是 ELISA 误差的主要来源，保持加样操作的一致性和准确性是其关键。标准激素系列质量浓度更要仔细，加样顺序要从低浓度向高浓度进行。每次加完样后要轻敲反应板，以保证孔内液面的水平。

（3）尽量清除样品中的干扰物，包括待测激素的类似物以及抗体和酶活性的抑制剂（如酚类物质和有机酸等）。可以通过以下质量控制实验来鉴别干扰的存在与否，以确保测定工作的正确性。

彩图 2-15 ELISA 实验显色结果

稀释试验：将待测样品分别稀释 2 倍、4 倍和 8 倍，相应的测出值也应是原样品测出值的 1/2、1/4、1/8。如果偏差太大，表明有干扰物存在，尚需做进一步的提纯。

平行试验：即在待测样品中加入已知量的标准激素，将其 ELISA 测出值减去待测样品测出值后，应是加入标准激素的值，如果偏差太大，亦表明干扰存在。

回收率测定：将样品分成完全等量的两份，向其中的一份加入定量的标准激素，然后进行提取和测定步骤。两份样品最终的测定值之差与加入量之比，即为回收率。

【思考题】

1. 在将含有激素的提取液进行真空浓缩干燥时，为什么不宜将提取液（80% 甲醇）完全干燥？

2. 用什么方法可以发现提取液中有干扰物质存在？

3. 为什么要预先测定包被抗原、抗体、二抗的最适稀释倍数及标准物的最佳范围？

4. 在 ELISA 操作过程中，快速加样有什么好处？

5. 在测定过程中，样品在 490 nm 处的比色值在什么范围内较为理想？

（刘新）

实验 26　高效液相色谱法测定植物内源激素含量

高效液相色谱法（HPLC）是 20 世纪 60 年代诞生的一种高效分离纯化技术，已广泛应用于除乙烯外激素的测定。相对而言，高效液相色谱法灵敏度高、专一性强、重复性好，是较理想的植物内源激素分析方法，目前已被广泛应用于植物内源激素的测定。该方法分离能力强，灵敏性、选择性和准确性高，已被用于测定痕量植物激素。

【实验原理】

植物激素对植物生理活动的调控涉及激素自身浓度的变化。揭示植物激素的组成和含量变化，可以发现可能的作用机制和它们之间更多的相互作用。根据相似相溶原理溶解抽提植物组织激素，再用高效液相色谱 - 质谱联用法分离检测。高效液相色谱是色谱法的一个重要部分，采用高压输液系统，将不同极性的单一溶剂或不同比例的混合溶剂、缓冲液等流动相泵入装有固定相的色谱柱，样品各组分在色谱柱内被分离后，进入质谱检测器进行检测，从而实现对试样的分析。

【材料与用品】

1. 材料

待测植物组织。

2. 用品

离心管，剪刀，注射器，涡旋振荡器，AB SCIEX 超高效液相色谱串联三重四级杆质谱联用仪（Qtrap 5500）；低温冷冻离心机。

3. 试剂

甲醇，甲酸，乙酸，*N*– 环己基 –2– 氨基乙磺酸 –NaOH（pH 9.8）。

【方法与步骤】

1. 样品制备

冷冻组织在液氮中研磨至粉末，转移 0.1 g 至 2 mL 微量离心管中，加入 1 mL 提取液（甲醇、甲酸、水的体积比为 15 : 1 : 4），并加入相应的稳定同位素内标，涡旋混匀后于 –30℃放置 16 h。然后 10 000 *g* 离心 15 min。上清液转移至一新的离心管中，向沉淀中再加入 0.2 mL 提取液进行提取，合并两次获得的上清液。将上清液过 Oasis HLB 固相小柱（用 1 mol/L 甲酸平衡），以除去干扰物质，用 1 mol/L 甲酸洗柱后用甲醇洗脱脱落酸、生长素和赤霉素（组分 1），用 0.35 mol/L 氨水洗脱核苷酸类细胞分裂素（组分 2），用溶于 60% 甲醇中的 0.35 mol/L 氨溶液洗脱碱基类、核苷类、糖苷类细胞分裂素（组分 3），分别收集以上洗脱液，用氮气吹干。组分 1 用 0.2 mL 水溶解后过 DEAE– 纤维素柱（用水平衡），用水洗柱之后，脱落酸和赤霉素用 0.2% 乙酸洗脱，生长素用 0.5% 甲酸洗脱，洗脱液用氮气吹干后溶解在 45 μL 0.05% 甲酸溶液中，分别进行 UPLC–ESI–qMS/MS 分析。

组分 3 溶解在 50 μL 0.1% 甲酸中，进行 UPLC–ESI–qMS/MS。组分 2 溶解在 0.84 mL 0.1 mol/L *N*– 环己基 –2– 氨基乙磺酸 –NaOH（pH 9.8）中，加入 17 μL 碱性磷酸酶，37℃保温 1 h，然后加入 93 μL 10 × Tris 缓冲盐溶液和 50 μL 1 mol/L HCl 调整 pH 为 7.3，获得的溶

液过 Oasis HLB 固相小柱（用水平衡）脱盐，用水洗柱之后，吸附的化合物用甲醇洗脱，洗脱液用氮气吹干后溶解在 50 μL 0.1% 乙酸中用于 UPLC-ESIqMS/MS 分析。

2. 色谱条件

色谱柱 an ODS column（AQUITY UPLC BEH C 18，1.7 μm，2.1 mm × 100 mm，水）；溶剂体系：溶剂 A（0.06% 乙酸），溶剂 B（0.06% 乙酸溶在甲醇中）；洗脱程序：0 min，99.0% A + 1.0% B；4 min，55.0% A + 45.0% B；7 min，30.0% A + 70.0% B；8 min，1.0% A + 99.0% B；12 min，99.0% A + 1.0% B。流速：0.25 mL/min；柱温：35℃；进样量：5 μL。

3. 质谱条件

脱落酸（ABA）和细胞分裂素（CKs）的测定参数：气帘气（curtain gas），275.79 kPa；阳离子喷雾电压为 5 000 V，阴离子喷雾电压为 4 500 V；涡轮加热器温度为 600℃；雾化气（nebulizing gas，Gasl），413.69 kPa；热化气（heated gas，Gas 2），413.69 kPa。

生长素（IAA）和茉莉酸 - 异亮氨酸（JA-Ile）的测定参数：气帘气，275.79 kPa；阳离子喷雾电压为 5 500 V；涡轮加热器温度为 600℃；雾化气，413.69 kPa；热化气，413.69 kPa。

注意事项：

（1）测定不同的激素或用不同的系统时要优化仪器参数。

（2）样品制备条件需要优化。

【思考题】

比较植物激素不同测定方法的优缺点。

（柏素花）

实验 27　果蔬含酸量的测定

果蔬中含有各种有机酸，主要有苹果酸、柠檬酸和酒石酸等。果蔬种类、品种不同，所含有机酸的种类和数量也不同。果蔬含酸量是衡量其品质优劣的一个重要指标，与果蔬及加工产品的风味关系密切。

【实验原理】

根据酸碱中和原理，用已知浓度的 NaOH 溶液滴定果蔬提取液，根据消耗 NaOH 溶液的体积计算果蔬中可滴定酸的含量。由于每种果蔬中所含有机酸种类较多，在计算时，根据该果蔬中所含主要种类有机酸进行折算。

【实验用品】

1. 材料

苹果、葡萄和番茄等果蔬。

2. 用品

碱式滴定管（20 mL），带塑料盖的试剂瓶，容量瓶（100 mL、1 000 mL），移液器，三角瓶（100 mL），研钵，电子天平，漏斗，滤纸，铁架台。

3. 试剂

（1）10 g/L 酚酞指示剂　称取 1.0 g 酚酞，加入 100 mL 的 50% 乙醇溶液溶解。

（2）0.1 mol/L NaOH 滴定液 称取 4.0 g 分析纯 NaOH，加新煮沸过的冷却蒸馏水溶解，待冷却后，再用新煮沸过的冷却蒸馏水定容至 1 000 mL，保存到带塑料盖的试剂瓶中。

使用时需用邻苯二甲酸氢钾溶液标定 NaOH 滴定液。准确称取 0.6 g 于 105℃干燥至恒重的基准邻苯二甲酸氢钾，加入 50 mL 新煮沸过的冷却蒸馏水，振摇，使其尽量溶解。再滴加 2 滴 10 g/L 酚酞指示剂，用 0.1 mol/L NaOH 滴定液滴定。在接近终点时，应使邻苯二甲酸氢钾完全溶解，滴定至溶液呈粉红色。每 1 mL 0.1mol/L NaOH 滴定液相当于 20.42 mg 的邻苯二甲酸氢钾。根据消耗 NaOH 溶液的体积与邻苯二甲酸氢钾的体积，计算出 NaOH 滴定液的浓度。

【方法与步骤】

1. 提取

称取混合均匀的果蔬样品 10.0 g，置于研钵中研磨至匀浆，转移到 100 mL 容量瓶中，再用蒸馏水冲洗研钵，一并转入容量瓶中，并定容至刻度，摇匀。静置 30 min 后过滤。

2. 测定

吸取 20.0 mL 滤液，转入三角瓶中，加入 2 滴 10 g/L 酚酞指示剂，用已标定的 NaOH 滴定液进行滴定。滴定至溶液初显粉色并在 0.5 min 内不褪色时为终点（pH = 8.1 ~ 8.3），记录消耗 NaOH 滴定液的体积，重复 3 次。再以蒸馏水代替滤液进行滴定，作为空白对照。

3. 结果与计算

根据消耗 NaOH 滴定液的体积，计算果蔬组织中可滴定酸含量，以质量分数（%）表示。计算公式：

$$\text{可滴定酸含量（\%）} = \frac{V \times C \times (V_1 - V_0) \times f}{V_s \times m}$$

式中，V 为样品提取液总体积（mL）；V_s 为滴定时所取滤液体积（mL）；C 为 NaOH 滴定液浓度（mol/L）；V_1 为滴定滤液消耗的 NaOH 滴定液体积（mL）；V_0 为滴定蒸馏水消耗的 NaOH 滴定液体积（mL）；m 为样品质量（g）；f 为折算系数（g/mmol）。

折算系数，即在反应过程中中和 1 mmol NaOH 所需的有机酸的质量。果蔬中含有的有机酸种类较多，在计算可滴定酸含量时只需按照其中主要的有机酸进行折算即可。果蔬组织中常见的有机酸及其折算系数如下：

苹果酸为 0.067（苹果、梨、桃、杏、李子、番茄、莴苣）；柠檬酸为 0.064（柑橘类）；酒石酸为 0.075（葡萄）。

注意事项：

（1）一些果蔬中含酸量较少，利用 0.1 mol/L NaOH 滴定液进行滴定时，消耗 NaOH 滴定液的体积过小，容易引起较大的误差。在实际操作过程中，可以将 NaOH 滴定液适当稀释后使用。如利用 0.05 mol/L 甚至 0.01 mol/L 的 NaOH 滴定液进行滴定。

（2）可滴定酸含量计算公式中的 V_0 为 3 次空白测定的平均值。

【思考题】

实验中影响果蔬含酸量测定精确度的因素有哪些？

（车永梅）

实验 28　维生素 C 含量的测定

维生素 C（vitamin C，又称 L- 抗坏血酸），是新鲜水果和蔬菜中含量非常丰富的一种水溶性维生素。维生素 C 是人体正常生理代谢不可缺少的一类有机物，可以增强机体免疫力，在机体新陈代谢中起重要作用。维生素 C 也是一种重要的抗氧化剂，可以防止自由基对生物体的损伤，其含量常常作为衡量果蔬品质的重要指标之一。

【实验原理】

维生素 C 具有强的还原性。在中性和微酸性环境中，可以将蓝色的氧化型 2,6- 二氯靛酚钠还原成红色的还原型 2,6- 二氯靛酚钠。对一定体积的提取液，根据消耗染料的体积，可以计算出被测样品中维生素 C 的含量。

【实验用品】

1. 材料

水果、蔬菜或其他植物材料。

2. 用品

天平，研钵，不锈钢刀，容量瓶（50 mL、200 mL、1 000 mL），玻璃漏斗，吸量管（10 mL、25 mL），锥形瓶（50 mL、150 mL），滤纸，微量滴定管。

3. 试剂

（1）10 mg/L HCl　吸取 23 mL 相对密度为 1.19 的 HCl，用蒸馏水定容至 100 mL。

（2）20 mg/L 偏磷酸　取 20 g 偏磷酸，用蒸馏水溶解并定容至 1 000 mL，在 4℃冰箱中可保存 2 ~ 3 周。

（3）相当于 0.001 mol/L H^+ 浓度的 2,6- 二氯靛酚钠滴定液　称取 60 mg 2,6- 二氯靛酚钠于 200 mL 容量瓶中，先加入蒸馏水 150 mL，再加入 4 ~ 5 滴 0.01 mol/L NaOH，然后加蒸馏水定容至刻度。

（4）10 g/L 草酸溶液，20 g/L 草酸溶液，二氯乙烷。

【方法步骤】

（一）盐酸提取法

1. 提取

称取 50 g 新鲜样品（苹果需去皮），加入 100 mL 10 mg/L HCl，迅速研磨成匀浆。取 15 g 匀浆（相当于 5 g 样品）于 50 mL 烧杯中，用 20 mg/L 偏磷酸迅速洗到 50 mL 容量瓶中，并定容于刻度。摇匀后放置 15 min，然后进行过滤。

2. 滴定

吸取 10 mL 滤液于 50 mL 锥形瓶中，用 2,6- 二氯靛酚钠溶液进行滴定，至锥形瓶中溶液呈现明显的淡红色，在 15 s 内不消失为止。记录所用溶液的体积。重复 3 次。

3. 计算

$$X = 100 \times V_0 \times m_0 \times V_1 / (V_2 \times m)$$

式中，X 为 100 g 样品中维生素 C 的含量（mg）；V_0 为滴定时所消耗的 2,6- 二氯靛酚钠滴定液的体积（mL）；m_0 为 1 mL 2,6- 二氯靛酚钠滴定液所相当的维生素 C 含量（mg）；V_1 为样品提取液的总体积（本实验为 50 mL）；V_2 为被滴定的提取液体积（本实验为 100 mL）；m 为样品质量（本实验为 5 g）。

（二）草酸提取法

1. 提取

称取新鲜样品 4.0 g，放入研钵中，加 5 mL 20 g/L 草酸，研磨成匀浆。静置数分钟，通过漏斗将上清液转入 50 mL 容量瓶中。钵内残渣再用 20 g/L 草酸溶液提取 2 ~ 3 次，最后将残渣一并转入容量瓶（提取用的 20 g/L 草酸总体积为 35 mL），然后用 10 g/L 草酸溶液定容至刻度。如果溶液中泡沫较多，可加几滴乙醚将泡沫消除后再定容。盖好瓶塞，充分摇匀后过滤。

2. 滴定

吸取滤液 10 mL，置于 50 mL 锥形瓶中，用 2,6- 二氯靛酚钠滴定液滴定至出现明显的粉红色，在 15 s 内不消失为止。记录所用滴定液的体积为 V_1。当样液本身有颜色时，测定前于提取液中加 2 ~ 3 mL 二氯乙烷，在滴定过程中当二氯乙烷由无色变为粉红色时，即达反应的终点。在另一 50 mL 容量瓶内，加入 35 mL 20 g/L 草酸溶液，再用 10 g/L 草酸溶液定容，并充分摇匀。吸取此液 1 mL，放入另一 50 mL 三角瓶内，用 2,6- 二氯靛酚钠滴定液滴定至终点。记录所用滴定液的体积为 V_2。

3. 计算

$$X = (V_1 - V_2) \times K \times V \times 100 / (m \times V_3)$$

式中，X 为 100 g 样品维生素 C 的含量（mg）；V_1 为滴定样品所消耗滴定液体积（mL）；V_2 为滴定空白所消耗体积（mL）；V_3 为所取用滤液体积（mL）；V 为样品提取液稀释总体积（mL）；K 为 1 mL 滴定液所相当的维生素 C 含量（mg）；m 为样品质量（g）。

（三）2,6- 二氯靛酚钠滴定液的标定

称取维生素 C 20 mg，用 10 g/L 草酸溶解并定容至 200 mL。吸取此液 10 mL，再用 10 g/L 草酸稀释到 200 mL。吸取此稀释液 10 mL，置于 50 mL 锥形瓶中（同时再取 10 mL 10 g/L 草酸于另一锥形瓶中作空白），立即用待标定的 2,6- 二氯靛酚钠滴定液滴定至粉红色出现，15 s 不消失为止，记录所用滴定液体积。

按以下公式计算 K 值：

$$K = (m/200) \times (10/200) \times (10/V)$$

式中，K 为 1 mg 2,6- 二氯酚靛酚钠相当于维生素 C 的含量（mg）；m 为称取维生素 C 的含量（mg）；V 为滴定标准维生素 C 与空白滴定所用 2,6- 二氯酚靛酚钠滴定液体积的差值（mL）。

【思考题】

1. 比较两种维生素 C 的提取方法。

2. 分析滴定法测定维生素 C 含量的优缺点。

（刘洪庆）

第十一章

植物次生物质代谢相关生理指标测定

实验 29 分光光度计法测定植物组织中总多酚的含量

植物多酚（plant polyphenol）是分子中具有多个羟基的酚类植物成分的总称，又称植物单宁，是广泛存在于植物的皮、根、叶、果实中的次生代谢产物。常见植物多酚有茶多酚、葡萄多酚、苹果多酚、柑橘多酚和石榴多酚等。对植物组织内酚类物质的定量测量是植物抗性生理研究中经常用到的一个指标。植物多酚属于有机产物，需要有机溶剂进行提取，提取出来的是多酚的混合物。不同原料中所含多酚类种类不同，需要进一步分离鉴定。植物组织中总多酚含量的常用测定方法有福林酚法、酒石酸亚铁法、普鲁士蓝法以及高锰酸钾法等。

【实验原理】

采用福林酚法测定植物提取物及其制品中的总多酚含量。酚类化合物在碱性条件下将磷钨钼酸还原，生成蓝色的化合物，该化合物在 765 nm 有吸收峰，且在一定浓度范围内，吸光度的大小与酚类化合物的含量成正比，符合朗伯 - 比尔定律。为此可根据蓝色化合物形成的多少，计算出植物组织中总多酚的含量。

【实验用品】

1. 材料

豇豆、黄豆芽、青菜等。

2. 仪器

紫外可见分光光度计，电子天平，研钵，恒温水浴锅，超声波清洗仪，容量瓶。

3. 试剂

（1）丙酮（分析纯），福林酚试剂（分析纯），蒸馏水。

（2）75 g/L Na_2CO_3 溶液　精确称取 7.5 g 无水 Na_2CO_3，用水溶解并定容至 100 mL。

（3）50% 丙酮溶液　量取 50 mL 丙酮，用水溶解并定容至 100 mL。

（4）没食子酸标准溶液　准确称取 25 mg 干燥的没食子酸标准品（$C_7H_6O_5$，CAS 号：149-91-7），用蒸馏水溶解并定容至 500 mL，此溶液中没食子酸含量为 50 μg/mL。放置于 4℃冰箱中避光保存。

【方法与步骤】

1. 提取

准确称取清洗后的新鲜豇豆 1.5 g，加少量水制成匀浆，用 50% 丙酮溶液定容至 25 mL，30℃条件下超声提取 30 min，过滤，滤液即为总多酚提取液。

2. 绘制标准曲线

取 7 支干净的刻度试管，编号，按表Ⅱ-14 顺序加入试剂，配制成系列没食子酸标准溶液。

表Ⅱ-14　系列没食子酸标准溶液配方表

试剂	管号					
	1	2	3	4	5	6
没食子酸标准溶液 /mL	0	0.2	0.4	0.6	0.8	1
蒸馏水 /mL	6.0	5.8	5.6	5.4	5.2	5.0
福林酚试剂 /mL	1.0	1.0	1.0	1.0	1.0	1.0
75 g/L Na_2CO_3 溶液 /mL	3.0	3.0	3.0	3.0	3.0	3.0
每管没食子酸含量 /μg	0	10	20	30	40	50

摇匀后，反应 2 h，用 1 号管溶液作为空白，在 765 nm 处测定吸光值。以吸光值为纵坐标，反应液中没食子酸含量（μg）为横坐标，绘制标准曲线。

3. 测定

吸取 1.0 mL 总多酚提取液（若多酚含量过高，可适当稀释）于 10 mL 刻度试管中，按照表Ⅱ-14 中的步骤分别加入蒸馏水、福林酚试剂和 75 g/L Na_2CO_3 溶液，反应后测定 765 nm 处的吸光值。

4. 计算

利用标准曲线计算出反应体系中总多酚（以没食子酸表示）含量（μg），然后根据下式计算出每克样品中总多酚的含量：

$$\text{样品中总分酚含量（μg/g）} = \frac{\frac{m}{V_0} \times N \times V}{W}$$

式中，m 为反应体系中总多酚含量（μg）；V_0 为反应体系中加入总多酚提取液的体积（mL）；N 为总多酚提取液的稀释倍数；V 为总多酚提取液的总体积（mL）；W 为所取样品的鲜重（g）。

注意：

在重复性条件下获得的两次独立测定结果的绝对差值不得超过算术平均值的 10%。

【思考题】

1. 植物多酚有哪些种类？提取方法有哪些？

2. 请查阅文献，思考福林酚法与酒石酸亚铁法、普鲁士蓝法及高锰酸钾法等的区别是什么。

（刘广超　田伟）

实验 30　植物组织中黄酮类物质含量测定

黄酮类物质属于植物的次生代谢产物，是广泛存在于植物中的活性成分之一，它具有抗氧化、抗菌、抗肿瘤等功效，含量比较丰富的有豆类、蔬菜、中草药等。

【实验原理】

黄酮类物质主要指以 2- 苯基色原酮为基核的化合物，泛指由两个苯环通过三碳相互联结而成的一系列化合物，即凡具有 $C_6—C_3—C_6$ 结构的化合物都被称为黄酮，因其分子中含有碱性氧原子，又称为黄碱素。主要包括黄酮、黄酮醇、二氢黄酮、二氢黄酮醇、异黄酮、花青素和查尔酮等以及它们的衍生物。由于黄酮类物质中含有碱性氧原子，又多带有酚羟基，能与 Al^{3+} 产生黄色络合物，加入 $NaNO_2$ 和 NaOH 后，在碱性溶液中呈红色，在 510 nm 处有最大吸收峰，且显色反应在 60 min 内稳定。用芦丁作为对照品，$Al(NO_3)_3$ 作为显色剂，吸光度与芦丁浓度呈线性关系。此方法被称为 $NaNO_2$–$Al(NO_3)_3$–NaOH 比色法，是应用最为广泛的总黄酮含量测定方法。

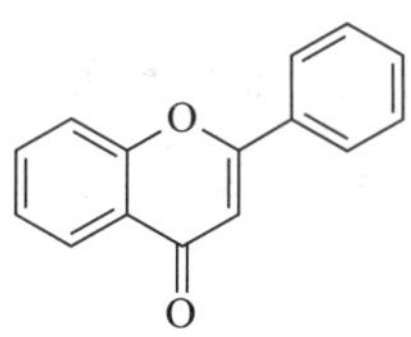

2–苯基色原酮

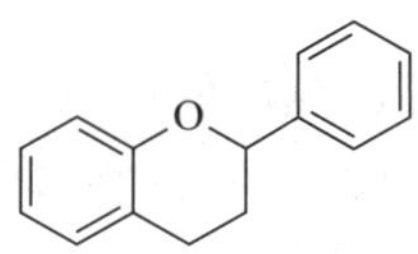

具有 $C_6—C_3—C_6$ 结构的化合物

【实验用品】

1. 材料

待测植物材料。

2. 用品

万分之一分析天平，紫外可见分光光度计，烘箱，0.25 mm 孔径筛。

3. 试剂

0.2 mg/mL 芦丁标准溶液（10.0 mg 芦丁，溶于 50.0 mL 30% 乙醇），80% 乙醇，30% 乙醇，0.05 g/mL $NaNO_2$ 溶液，0.1 g/mL $Al(NO_3)_3$ 溶液，0.04 g/mL NaOH 溶液。

【方法与步骤】

1. 试样的制备

取待测样品于 40℃烘箱烘干（约 24 h），研磨，并通过 0.25 mm 孔径筛，装入样品瓶备用。精确称取 0.3 g，用 80% 乙醇回流提取 2 次（每次用 30.0 mL）过滤，滤液合并后蒸干，用 30% 乙醇溶解并定容至 10.0 mL。

2. 标准曲线绘制

分别准确量取 0.0、1.0 mL、2.0 mL、3.0 mL、4.0 mL、5.0 mL 0.2 mg/mL 芦丁标准溶液至 6 个 10 mL 容量瓶中，编号为 1 ~ 6 号，各加入 30% 乙醇 1.0 mL，加入 0.5 mL 0.05 g/mL $NaNO_2$ 溶液，放置 6 min。再加入 0.3 mL 0.1 g/mL $Al(NO_3)_3$ 溶液，摇匀，放置 6 min。再加入

3.0 mL 0.04 g/mL NaOH 溶液，用蒸馏水定容至 10.0 mL，摇匀，放置 15 min，以 1 号管为对照，在 510 nm 处测定各个不同浓度芦丁样品的吸光度。以芦丁标准溶液中芦丁含量为横坐标，吸光度为纵坐标，绘制标准曲线。

3. 样品的测定

准确量取样品溶液 1.0 mL，置于 10 mL 容量瓶中，按照标准曲线绘制的方法，加入 0.5 mL 0.05 g/mL $NaNO_2$ 溶液，放置 6 min 后，加入 0.3 mL 0.1 g/mL $Al(NO_3)_3$ 溶液，摇匀，放置 6 min。再加入 3.0 mL 0.04 g/mL NaOH 溶液，用蒸馏水定容至 10.0 mL，摇匀，放置 15 min，测定吸光度，从标准曲线上查得样品溶液中芦丁的含量，作为溶液中总黄酮的含量，再计算求得植物组织中总黄酮的含量。

4. 计算

$$黄酮含量（mg/g）=\frac{C\times V_t}{V_s\times m}$$

式中，C 为从标准曲线查得黄酮的含量（mg）；V_t 为样液总体积（mL）；V_s 为测定时样液体积（mL）；m 为样品质量（g）。

注意事项：

$NaNO_2$–$Al(NO_3)_3$–NaOH 比色法的影响因素很多，某些含有邻二酚羟基类的化合物也会与铝离子络合显色，如咖啡酸、绿原酸等物质，从而影响测定结果；某些黄酮类成分与铝离子络合，不在 510 nm 处有最大吸收，造成测定结果偏小。因此需要选择合适的植物材料。

【思考题】

1. 植物黄酮类物质包括哪些？
2. $NaNO_2$–$Al(NO_3)_3$–NaOH 比色法的局限性有哪些？

（侯丽霞）

实验 31　双波长 pH 示差法测定总花青素含量

花青素（anthocyanidin），又称花色素，属于酚类化合物中的类黄酮类，是一类广泛存在于植物中的水溶性天然色素。很多水果和蔬菜中都富含花青素，尤其是紫红色的新鲜果蔬中花青素含量较高。花青素具有抗氧化、抗肿瘤和抗衰老等生物活性，因而具有较高的营养价值和医疗保健作用。

【实验原理】

花青素的色调和色度随环境 pH 的变化而改变，而其他干扰物质的特征光谱不随 pH 的不同而发生变化。当花青素处于较低 pH 环境时，以红色的 2– 苯基苯并吡喃的形式存在；处于 pH 为 4.5 的环境中时，以无色的甲醇甲碱形式存在。根据朗伯 – 比尔定律，在这两个 pH 之间，其吸光度的差值与花青素的含量成正比。

pH 示差法主要用于含有干扰物质的体系中花青素总量的测定，多见于葡萄皮、蓝莓、黑莓和桑葚等植物材料花色苷含量的测定。

【实验用品】

1. 材料

葡萄、蓝莓和苹果等植物材料。

2. 仪器设备

电子天平，恒温水浴锅，离心机，pH 计，可见分光光度计，涡旋振荡器，锡纸。

3. 试剂

（1）1% HCl– 甲醇溶液　2.78 mL 36% HCl 中加入 97.22 mL 100% 甲醇，充分混合。

（2）缓冲液 1（pH = 1.0）　准确量取 67 mL 0.2 mol/L 的 HCl 溶液，加入 25 mL 0.2 mol/L 的 KCl 溶液，充分混合。

（3）缓冲液 2（pH = 4.5）　0.2 mol/L 的乙酸钠溶液和 0.2 mol/L 的乙酸溶液等体积混合进行配制。

【方法与步骤】

1. 提取

称取 2 g 新鲜植物材料，加液氮研磨成粉末状后，置于 50 mL 试管，按照 1 : 10 体积比加入 1% HCl– 甲醇溶液，充分涡旋摇匀。试管口用锡纸密封以防水分蒸发。然后用锡纸全面包裹试管，保证黑暗条件，4℃冰箱过夜浸提，浸提结束后过滤，滤液即为花青素提取液。

2. 测定

分别向 9 mL 缓冲液 1（pH = 1.0）和 9 mL 缓冲液 2（pH = 4.5）中加入 1 mL 花青素提取液，混合均匀，以相应缓冲液为空白，分别测定 510 nm 和 700 nm 波长下的吸光度值。

3. 计算

花青素含量的计算公式：

$$H=\frac{\Delta A\times M\times n\times 1\,000}{\varepsilon\times l\times m}$$

式中，H 为花青素含量（mg/g）；$\Delta A=(A_{510}-A_{700})_{\mathrm{pH}\ 1.0}-(A_{510}-A_{700})_{\mathrm{pH}\ 4.5}$；$M$ 为分子量（以矢车菊素葡萄糖苷计，取 449.2）；n 为稀释倍数；ε 为摩尔消光系数［L/(mol·cm)，以矢车菊素葡萄糖苷计，取 26 900］；l 为光程的距离（cm）；m 为样品质量（g）。

注意事项：

提取液中盐酸的作用是沉淀样品溶液中的蛋白质，以减少其对提取液吸光度值的影响。样品蛋白质含量较多时，可使用三氯乙酸代替盐酸。

【思考题】

制备花青素提取液时应注意哪些问题？

（车永梅）

实验 32　植物组织中单宁含量的测定

植物单宁广泛地存在于植物的叶、果实、根及树皮等部位，是重要的天然多酚类活性物质，也是天然产物中研究比较早和较多的一类化合物。其中，水解类单宁如没食子酸单宁和鞣花单宁，生物活性较强，在医药、食品、化工等领域应用广泛。

【实验原理】

以没食子酸为主的单宁类化合物在碱性溶液中可将钨钼酸还原成蓝色化合物，该化合物在765 nm处有最大吸收，其吸收值与单宁含量成正比，以没食子酸为标准物质，利用标准曲线法定量检测植物组织中的单宁含量。

【实验用品】

1. 材料

待测植物材料。

2. 用品

紫外可见光分光光度计，组织捣碎机，恒温水浴锅，电子天平，离心机。

3. 试剂

（1）没食子酸标准储备液　称取0.1 g一水合没食子酸，用蒸馏水溶解并定容至100.0 mL，此溶液没食子酸质量浓度为1 000 mg/L。在冰箱中2～3℃可保存5 d。

（2）没食子酸标准使用液　分别吸取1 000 mg/L没食子酸标准储备液0.0、1.0 mL、2.0 mL、3.0 mL、4.0 mL、5.0 mL至100 mL容量瓶中，定容，溶液质量浓度分别为0.0、10.0 mg/L、20.0 mg/L、30.0 mg/L、40.0 mg/L和50.0 mg/L。

（3）Na_2CO_3溶液　称取37.5 g无水碳酸钠溶于250.0 mL蒸馏水中，混匀，稀释至500.0 mL，此溶液Na_2CO_3质量浓度为75.0 g/L。过滤到储液瓶中备用。

（4）钨酸钠－钼酸钠混合溶液　称取50.0 g钨酸钠、12.5 g钼酸钠，用350.0 mL蒸馏水溶解到1 000 mL回流瓶中，加入25.0 mL磷酸、50.0 mL盐酸，充分混匀，小火加热回流2 h，再加入75.0 g硫酸锂、25.0 mL蒸馏水、数滴溴水，然后继续沸腾15 min（至溴水完全挥发为止），冷却后转入500 mL容量瓶中定容，过滤后滤液置于棕色瓶中保存，使用时稀释1倍。原液在室温下可保存半年。

【方法与步骤】

1. 实验材料的制备

将待测实验材料，用干净纱布擦去样本表面的附着物，采用对角线分割法，取对角部分，切碎并充分混匀，于组织捣碎机中匀浆备用。

2. 单宁的提取

称取匀浆2.0～5.0 g，用80.0 mL蒸馏水洗入100 mL容量瓶中，沸水浴30 min，取出并冷却到室温，吸取2.0 mL样品提取液，8 000 r/min离心4 min，取上清液备用。

3. 标准曲线的绘制

吸取0.0、10.0 mg/L、20.0 mg/L、30.0 mg/L、40.0 mg/L和50.0 mg/L没食子酸标准使用液各1.0 mL，分别加5.0 mL蒸馏水、1.0 mL钨酸钠－钼酸钠混合溶液和3.0 mL Na_2CO_3溶液，混匀，此时没食子酸标准液浓度分别为0.0、1.0 mg/L、2.0 mg/L、3.0 mg/L、4.0 mg/L和5.0 mg/L，显色30 min后，以0.0 mg/L的没食子酸标准液为空白，在765 nm波长下测定标准溶液的吸光度，以没食子酸浓度为横坐标，吸光度值为纵坐标，绘制标准曲线。

4. 样品的测定

吸取 1.0 mL 样品提取液，分别加入 5.0 mL 蒸馏水、1.0 mL 钨酸钠 – 钼酸钠混合溶液和 3.0 mL Na_2CO_3 溶液，显色 30 min 后，以零浓度的没食子酸标准液为空白，在 765 nm 波长下测定标准溶液的吸光度，根据标准曲线求出试样溶液的单宁浓度（以没食子酸计）。如果吸光度值超过 5.0 mg/L 没食子酸的吸光度值，需将样品提取液稀释后重新测定。

5. 计算

$$W = \frac{\rho \times V \times A}{m}$$

式中，W 为实验材料中单宁含量（mg/kg）；ρ 为样品提取液中没食子酸的浓度（mg/L）；V 为样品提取液定容体积（L）；A 为样品稀释倍数；m 为实验材样质量（kg）；所得结果保留小数点后三位。

【思考题】

1. 本实验中 Na_2CO_3 溶液的作用是什么？
2. 你认为影响本实验测定结果的主要因素有哪些？

（刘广超）

第十二章

植物抗逆相关生理指标的测定

实验 33　植物组织可溶性糖含量的测定

可溶性糖（soluble sugar）是植物体合成其他有机溶质的碳架和能量来源，也是很多植物在渗透胁迫下积累的主要渗透调节剂，对细胞膜和原生质胶体起稳定作用，与植物对低温、干旱和盐碱等逆境的抵抗能力关系密切。

Ⅰ　蒽　酮　法

【实验原理】

糖在浓硫酸的作用下，可经脱水反应生成糠醛或羟甲基糠醛，如：

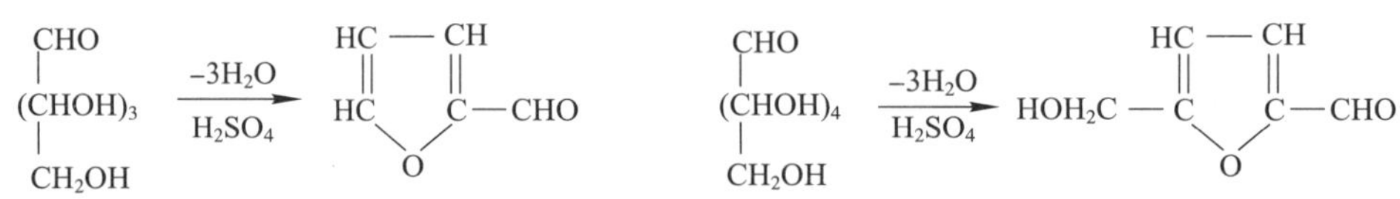

戊糖　糠醛　己糖　羟甲基糠醛

生成的糠醛或羟甲基糠醛可与蒽酮反应生成蓝绿色糠醛衍生物，在一定范围内，此生成物颜色的深浅与糖类含量成正比，故可用于糖类定量测定。

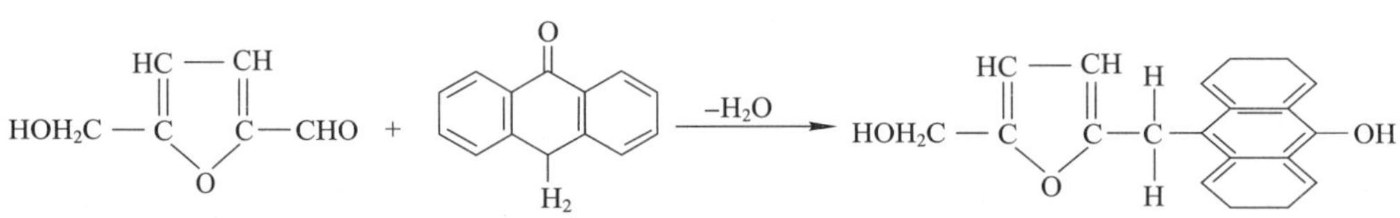

羟甲基糠醛　蒽酮

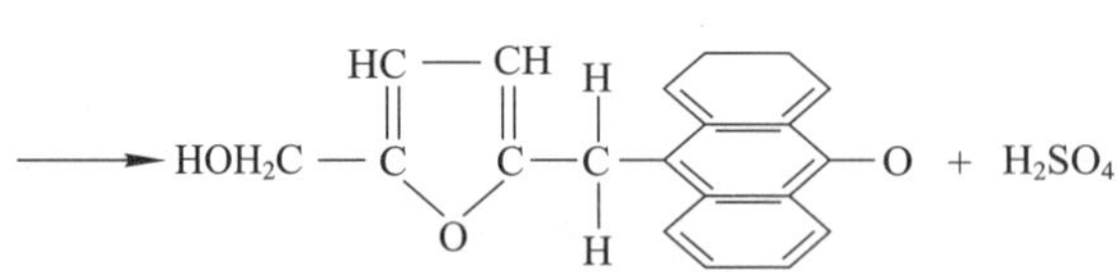

糠醛衍生物（蓝绿色）

该法的特点是几乎可以测定所有的糖类，不但可以测定戊糖与己糖含量，而且可以测定所有寡糖类和多糖类，其中包括淀粉、纤维素等（因为反应液中的浓硫酸可以把多糖水解成单糖而发生反应），所以用蒽酮法测出的糖类含量，实际上是溶液中全部可溶性糖类的总量。

在不需要细致划分各种糖类的情况下，用蒽酮法可以一次测出糖类总量，因此，蒽酮法有特殊的应用价值。

糖类与蒽酮反应生成的有色物质在可见光区的吸收峰为 630 nm，故在此波长下进行比色。

【实验用品】

1. 材料

待测植物材料。

2. 用品

分光光度计，水浴锅及水浴试管架，电炉，大试管（2.5 cm × 20 cm），大试管架，刻度吸管（5 mL、1 mL），记号笔，吸水纸适量。

3. 试剂

（1）蒽酮乙酸乙酯试剂　取分析纯蒽酮 1 g，溶于 50 mL 乙酸乙酯中，贮存于具塞棕色瓶中。在黑暗中可保存数周，如有结晶析出，可微热溶解。

（2）浓硫酸（相对密度为 1.84）。

（3）10 g/L 蔗糖标准液　将分析纯蔗糖在 80℃下烘至恒重，精确称取 1.000 g，加少量蒸馏水溶解，移入 100 mL 容量瓶中，加入 0.5 mL 浓硫酸，用蒸馏水定容至刻度。

（4）100 mg/L 蔗糖标准液　精确吸取 10 g/L 蔗糖标准液 1 mL，加入 100 mL 容量瓶中，加蒸馏水定容至刻度。

【方法与步骤】

1. 标准曲线的制作

取大试管 11 支，按 0 ~ 10 分别编号，按表Ⅱ–15 加入 100 mg/L 蔗糖溶液和蒸馏水，配制成 10 ~ 15 mg/L 的系列标准液，除空白外，各浓度均重复 2 次。

表Ⅱ–15　蒽酮法测定可溶性糖含量时各试管加入的试剂量

试剂	管号					
	0	1、2	3、4	5、6	7、8	9、10
100 mg/L 蔗糖溶液 /mL	0	0.2	0.4	0.6	0.8	1.0
蒸馏水 /mL	2.0	1.8	1.6	1.4	1.2	1.0
蔗糖含量 /μg	0	20	40	60	80	100

加完溶液后，按顺序向试管内分别加入 0.5 mL 蒽酮乙酸乙酯试剂和 5 mL 浓硫酸。浓硫酸要沿管壁缓缓加入，然后轻摇试管，待乙酸乙酯水解后，再充分摇动试管数次（注意勿将硫酸溅出），使液体混匀，立即放入沸水浴中准确保温 1 min，取出后自然冷却至室温，以空白作参比，在 630 nm 波长下测其吸光度，以糖类含量为横坐标，吸光度值为纵坐标，绘制标准曲线，并求出标准曲线的线性方程。

2. 可溶性糖的提取

取新鲜植物叶片，擦净表面污物，称取 0.1 ~ 0.3 g 叶片，共 3 份，分别放入 3 支刻度试管中，各加入 5 ~ 10 mL 蒸馏水，塑料薄膜封口，于沸水中提取 30 min（提取 2 次），提取液过滤入 25 mL 容量瓶中，反复冲洗试管及残渣，用蒸馏水定容至刻度，即为样品提取液。

3. 样品测定

准确吸取样品提取液 2 mL 于大试管中，2 mL 样品液中总含糖量应为 20 ~ 100 μg，若超出此范围，则应稀释样品液（或减少样品液体积，然后加蒸馏水使液体总体积达到 2 mL），以下步骤与标准曲线测定相同。根据所测吸光度值查标准曲线，即可得出每 mL 样品液中糖类总量。

4. 计算可溶性糖含量

$$可溶性糖含量（\%）= m_s \times V_0 /(10^6 \times V_1 \times n \times m)$$

式中，m_s 为由标准曲线求得的糖量（g）；V_0 为样品提取液的体积（mL）；V_1 为吸取样品液的体积（mL）；n 为稀释倍数；m 为样品质量（g）。

Ⅱ 苯 酚 法

【实验原理】

苯酚法的测定原理与蒽酮法相似。糖类在浓硫酸作用下，脱水生成的糠醛或羟甲基糠醛，能与苯酚缩合成一种橙红色化合物。在 10 ~ 100 μg 范围内化合物颜色的深浅与糖类含量成正比，且在 485 nm 波长下有最大吸收峰，故可用比色法在此波长下测定。

蒽酮试剂较昂贵，而且蒽酮在硫酸中不稳定，也不能用于甲基化的糖和戊糖的测定。而苯酚法可用于甲基化的糖、戊糖和多聚糖的比色测定，方法简单，试剂便宜，灵敏度高，实验时基本不受蛋白质的干扰，因而简化了糖类的提取程序，而且苯酚法产生的橙红色化合物颜色稳定，稳定时间在 160 min 以上。

【实验用品】

1. 材料

待测植物材料。

2. 用品

同蒽酮法。

3. 试剂

（1）9 g/mL 苯酚溶液　称取 90 g 苯酚，加 10 mL 蒸馏水溶解，在室温下可保存数月。

（2）0.9 g/mL 苯酚溶液　取 3 mL 9 g/mL 苯酚溶液，加蒸馏水定容至 30 mL，现配现用。

（3）浓 H_2SO_4，其他试剂见蒽酮法。

【方法与步骤】

1. 标准曲线的制作

取大试管 11 支，从 0 ~ 10 分别编号，用 100 mg/L 的蔗糖溶液，按表Ⅱ-16 配制一系列浓度的蔗糖溶液，每一浓度设两个重复。然后按顺序向试管内分别加入 1 mL 0.9 g/mL 苯酚溶液，摇匀，再从管液正面在 5 ~ 20 s 时间内各加入 5 mL 浓 H_2SO_4，摇匀。比色液总体积为 8 mL，在室温下放置 30 min 显色，然后以空白为参比，在 485 nm 波长下比色，测定吸光度，以糖含量为横坐标，吸光度值为纵坐标，绘制标准曲线，求出标准线性方程。

表Ⅱ-16　苯酚法测定可溶性糖含量时各试管加入的试剂量

试剂	管号					
	0	1、2	3、4	5、6	7、8	9、10
100 mg/L 蔗糖溶液 /mL	0	0.2	0.4	0.6	0.8	1.0
蒸馏水 /mL	2.0	1.8	1.6	1.4	1.2	1.0
蔗糖含量 /μg	0	20	40	60	80	100

2. 可溶性糖的提取

同蒽酮法。

3. 样品的测定

取 2 mL 样品提取液，加入 20 mL 大试管中，同制作标准曲线的步骤，按顺序分别加入苯酚、浓 H_2SO_4 溶液，显色并测定吸光度值。由标准线性方程求出糖含量，计算可溶性糖的含量。

4. 计算可溶性糖含量

同蒽酮法。

水溶性糖类的测定程序：

1. 配制试剂及标准蔗糖溶液。
2. 制作标准曲线或建立直线回归方程。
3. 植物样品中糖类的提取与测定步骤：

称取磨碎烘干的小麦茎鞘材料 200 mg，取 2 份

↓

分别放入两支大试管中，加蒸馏水 10 ~ 20 mL，于沸水中提取 30 min（提取 2 次）

↓

提取液分别过滤入 100 mL 容量瓶中，反复漂洗试管及残渣，定容至刻度

↓

（左）

吸取 5 mL 样品液加入 50 mL 容量瓶中定容

↓

吸取样品液 2 mL 于大试管中（重复 4 次）

↓

两次重复为一组，分别用苯酚法与蒽酮法测定还原糖含量

↓

计算单位糖含量（水溶性糖）

（右）

全部残渣用 2% HCl 洗回原大试管中，总体积 20 mL

↓

沸水中分解 3 h

↓

过滤于 100 mL 容量瓶中，用蒸馏水漂洗残渣数次，于容量瓶中定容至刻度

↓

吸取 5 mL 提取液加入 50 mL 容量瓶中，定容

↓

每份样品取 2 mL 于大试管中（4 次重复），每两次重复为一组，分别用苯酚法及蒽酮法测定还原糖含量

↓

计算单位糖的含量（稀酸溶性糖）

注意事项：

（1）在测定水溶性糖类时，应注意切勿将样品的未溶解残渣加入反应液中，否则会因细胞壁中的纤维素、半纤维素等与蒽酮试剂发生反应而增加测定误差。

（2）不同的糖类与蒽酮试剂的显色深度不同，果糖显色最深，葡萄糖次之，半乳糖、甘露糖较浅，五碳糖显色更浅，故测定糖的混合物时，常因不同糖类的比例不同造成误差，但测定单一糖类时，则可避免此种误差。

【思考题】

简述蒽酮法和苯酚法测定植物组织可溶性糖含量的原理及两种方法的优缺点。

（车永梅）

实验 34　电导法测定植物细胞膜透性

植物细胞质膜具有选择透过性，植物细胞与外界环境之间发生的一切物质交换都必须通过质膜进行。各种环境因素对细胞的影响往往首先作用于这层由类脂和蛋白质所构成的生物膜。极端温度、干旱、盐渍、重金属、大气污染物等都会使质膜受到不同程度的损伤，导致细胞内部分电解质外渗。因此，质膜透性（cell membrane permeability）的测定常作为植物抗逆性研究中的一个生理指标。

【实验原理】

教学课件 2-11 电导法测定植物细胞膜透性

植物组织在受到各种不利环境条件（如干旱、低温、高温、盐渍和大气污染）的影响时，细胞质膜的结构和功能首先受到伤害，细胞质膜透性增大。若将受伤害的组织浸入无离子水中，其外渗液中电解质的含量比正常组织外渗液中含量增加。组织受伤害越严重，电解质含量增加越多。用电导仪测定外渗液电导值的变化，可反映出质膜受伤害的程度。

【实验用品】

1. 材料

选用经过各种逆境胁迫处理的材料。

2. 用品

DDS-11 型电导仪，真空泵，真空干燥器，水浴锅，打孔器，剪刀，洗瓶，试管，移液管，玻璃棒，滤纸，天平。

3. 试剂

无离子水。

【方法与步骤】

1. 清洗器具

由于电导值变化非常灵敏，稍有杂质即产生很大误差。因此所用玻璃器具均需预先用热肥皂水洗，再用洗液洗涤，然后用自来水冲洗干净，最后用无离子水冲四五遍（最好容器口向下用水冲）。向冲洗后的试管中加入无离子水，用电导仪测定电导值，检查是否洗净。然后倒立在洁净的滤纸上干燥，或烘干。

2. 处理材料

取一定叶位和叶龄的功能叶，先用无离子水冲洗，最后用洁净的滤纸擦去水分，每组用打孔器打成 12 个叶圆片，放入试管中，加 10 mL 无离子水（设 3 ~ 4 个重复）。放于真空干燥器中，用真空泵抽气 10 min，以抽出细胞间隙空气。缓慢放入空气，水即渗入细胞间隙，叶片变成透明状，细胞内溶质易于渗出。取出试管，间隔几分钟振荡一次，在室温下保持 30 min。

彩图 2-16 叶片打孔操作及抽气前后状态

3. 测定电导值

视频 2-24 真空泵的使用

用电导仪测定上述试管中溶液的电导值，之后，将试管放入沸水中 10 min 以杀死植物组织。待冷却至室温后，再次测定外渗液的电导值。

视频 2-25 电导仪的使用

4. 计算结果

$$细胞膜相对透性 = \frac{L_1}{L_2} \times 100\%$$

$$伤害率（\%）= \left(1 - \frac{1 - T_1/T_2}{1 - C_1/C_2}\right) \times 100\%$$

式中，L_1 为叶片煮沸前外渗液的电导值；L_2 为叶片煮沸后外渗液的电导值；C_1 为对照叶片煮沸前外渗液的电导值；C_2 为对照叶片煮沸后外渗液的电导值；T_1 为处理叶片煮沸前外渗液的电导值；T_2 为处理叶片煮沸后外渗液的电导值（电导值单位均为 μS/cm）。

注意事项：

（1）本实验中所用玻璃器皿一定要洗净。

（2）测电导率时，烧杯外面要保持干燥。

【思考题】

1. 电导法测质膜透性的原理是什么？实验中为什么要抽真空？

2. 抗逆性强的植物材料外渗液中的电导率高还是低，为什么？

（柏素花）

实验 35　超氧化物歧化酶活性的测定

超氧化物歧化酶（superoxide dismutase，SOD）在生物体内普遍存在，是重要的抗氧化酶，它的主要作用是清除生物体内超氧阴离子自由基（$O_2^{\cdot -}$），在保护细胞免受氧化损伤过程中具有十分重要的作用。SOD 酶活性与植物抗逆性和衰老密切相关，可以作为植物逆境生理的测定指标之一。

【实验原理】

SOD 催化的反应如下：

教学课件 2-12 超氧化物歧化酶活性的测定

$$2O_2^{\cdot -} + 2H^+ \longrightarrow 2H_2O_2 + O_2$$

反应产物 H_2O_2 可以被过氧化氢酶（catalase，CAT）进一步分解生成 H_2O 和 O_2。因此 SOD 保护生物体免受活性氧伤害。

本实验依据SOD抑制氮蓝四唑（NBT）在光下的还原作用来确定酶活性大小。在有可被氧化的物质存在下，核黄素可被光还原，被还原的核黄素在有氧条件下极易再氧化而产生$O_2^{\cdot-}$，$O_2^{\cdot-}$可将氮蓝四唑还原为蓝色的化合物，该蓝色化合物在560 nm处有最大吸收峰，而SOD可清除$O_2^{\cdot-}$，从而抑制了蓝色化合物的形成。因此，光还原反应后，反应液蓝色越深说明酶活性越低，反之酶活性越高。据此可以计算出SOD酶活性大小。

【实验用品】

1. 材料

萌发的绿豆下胚轴。

2. 用品

视频2-26 光照培养箱的使用

高速低温台式离心机，分光光度计，光照培养箱（反应试管处光照强度为4 000 lx），试管及具塞试管若干，离心管。

3. 试剂

（1）0.05 mol/L磷酸缓冲液（pH 7.8）。

（2）130 mmol/L甲硫氨酸（Met）溶液　称取1.939 9 g Met，用磷酸缓冲液溶解并定容至100 mL。

（3）750 μmol/L NBT溶液　称取0.061 33 g NBT，用磷酸缓冲液溶解并定容至100 mL，避光保存。

（4）100 μmol/L EDTA-Na_2溶液　取0.037 21 g EDTA-Na_2，用磷酸缓冲液溶解并定容至100 mL。

（5）20 μmol/L核黄素溶液　取0.007 53 g核黄素用磷酸缓冲液溶解并定容至1 000 mL，避光保存，现用现配。

（6）考马斯亮蓝G-250溶液　称取100 mg考马斯亮蓝G-250，溶于50 mL 90%乙醇中，加入85%磷酸100 mL，最后用蒸馏水定容到1 000 mL，存放在棕色瓶中，此溶液在常温下可放置1个月。

【方法与步骤】

1. 提取液的提取

取材料0.5 g于预冷研钵中，加1 mL 0.05 mol/L磷酸缓冲液在冰浴下研磨成匀浆，加磷酸缓冲液使终体积为5 mL。置于离心管中，10 000 r/min离心10 min，上清液即为SOD提取液。

2. 显色反应

取5 mL试管7支，其中4支试管为对照管，3支为测定管，按表Ⅱ-17加入各溶液。

彩图2-17 SOD测定（光、暗对照管与处理管）

混匀后将1支对照管置于暗处（或放置在光照培养箱内遮盖黑布避光保存），其他各管置于光照培养箱内（光照度4 000 lx，温度30～37℃）反应20 min。

3. 蛋白质含量的测定

吸取SOD提取液0.1 mL，放入具塞刻度试管中（设2个重复，空白以0.1 mL 0.05 mol/L磷酸缓冲液代替），加入5 mL考马斯亮蓝G-250溶液，封口，充分混合后放置20 min，在

表Ⅱ-17　测定超氧化物歧化酶活性各种试剂的用量

试剂	用量 /mL	终含量（比色时）
0.05 mol/L 磷酸缓冲液	3	
130 mmol/L Met 溶液	0.6	13 mmol
750 μmol/L NBT 溶液	0.6	75 μmol
100 μmol/L EDTA–Na_2 溶液	0.6	10 μmol
20 μmol/L 核黄素溶液	0.6	2.0 μmol
SOD 提取液	0.2	对照管加入磷酸缓冲液代替
蒸馏水	0.4	
总体积	6.0	

595 nm 下比色，记录吸光度值，计算蛋白质含量。

4. 蛋白质含量的计算

$$蛋白质含量（mg/g）=（m_p \times V_0）/（V_1 \times m）$$

式中，m_p 为通过标准曲线查得的每管中蛋白质含量（mg）；V_0 为 SOD 提取液总体积（mL）；V_1 为测定时提取液体积（mL）；m 为样品质量（g）。

5. SOD 活性测定与计算

反应结束后，以暗处的对照管作空白，在 560 nm 下分别测定各管的吸光度值，SOD 活性单位以抑制 NBT 光还原的 50% 为一个酶活性单位表示。按下列公式计算 SOD 活性。

$$\text{SOD 总活性（U/g）} = \frac{(A_{ck} - A_E) \times V_0}{A_{ck} \times 0.5 \times m \times V_1}$$

$$\text{SOD 比活力（U/mg）} = \frac{\text{SOD 总活性}}{\text{蛋白质含量}}$$

式中，A_{ck} 为对照管的吸光度值；A_E 为样品管的吸光度值；V_0 为 SOD 提取液总体积（mL）；V_1 为测定时提取液体积（mL）；m 为样品质量（g）。

注意事项：

（1）在光照培养箱中反应时，各管受光情况保持一致，反应室的温度高时反应时间可缩短，温度低时反应时间可适当延长。

（2）核黄素溶液应该现用现配。

【思考题】

1. 在 SOD 活性测定中为什么设置光照和黑暗两个对照？

2. 为什么要用预冷的磷酸缓冲液提取 SOD？

（侯丽霞）

实验 36 植物组织过氧化物酶活性的测定

过氧化物酶是植物体内普遍存在的、活性较高的一种酶，它与呼吸作用、光合作用及生长素的氧化等都有密切关系，在植物生长发育过程中，它的活性不断发生变化，因此测量这种酶，可以反映某一时期植物体内代谢的变化。

【实验原理】

在过氧化氢存在的条件下，过氧化物酶能使愈创木酚氧化，生成茶褐色物质，该物质在 470 nm 处有最大吸收峰，可用分光光度计法测量 470 nm 的吸光度变化进而测定过氧化物酶活性。

【实验用品】

1. 材料

马铃薯块茎。

2. 用品

分光光度计，研钵，恒温水浴锅，100 mL 容量瓶，吸管，离心机，磁力搅拌器，秒表。

3. 试剂

（1）100 mmol/L 磷酸缓冲液（pH 6.0）。

（2）反应混合液　吸取 50 mL 100 mmol/L 磷酸缓冲液（pH 6.0）于烧杯中，加入愈创木酚 28 μL，于磁力搅拌器上加热搅拌，直至愈创木酚溶解，待溶液冷却后，加入 30% 过氧化氢 19 μL，混合均匀，保存于 4℃冰箱中。

【方法与步骤】

1. 酶提取液的制备

称取植物材料 1 g，剪碎，放入研钵中，加适量的 100 mmol/L 磷酸缓冲液研磨成匀浆，以 4 000 r/min 离心 15 min，上清液转入 100 mL 容量瓶中，残渣再用 5 mL 磷酸缓冲液提取 1 次，上清液并入容量瓶中，定容至刻度，贮存于 4℃下备用。

2. 显色反应

取光径 1 cm 的比色杯 2 个，一个加入反应混合液 3 mL 和磷酸缓冲液 1 mL，作为对照，另一个加入反应混合液 3 mL 和上述酶提取液 1 mL（如酶活性过高可稀释之），立即开启秒表记录时间，于分光光度计上测量波长 470 nm 下的吸光度值，每隔 1 min 读数一次。

3. 结果计算

以每分钟吸光度变化值表示酶活性大小，即 $\Delta A_{470}/(\text{min}\cdot\text{g})$。也可以用每 min 内 A_{470} 变化 0.01 为 1 个过氧化物酶活性单位（U）。

$$过氧化物酶活性\ [\text{U}/(\text{min}\cdot\text{g})] = (\Delta A_{470} \times V_t)/(m \times V_s \times 0.01 \times t)$$

式中，ΔA_{470} 为反应时间内吸光度值的变化；m 为植物鲜重（g）；V_t 为酶提取液总体积（mL）；V_s 为测定时取用酶提取液体积（mL）；t 为反应时间（min）。

【思考题】

1. 简述测定过氧化物酶活性的生理意义。

2. 本测定方法有哪些需要改进的地方?

（柏素花）

实验 37　苯丙氨酸解氨酶活性的测定

苯丙氨酸解氨酶（phenylalanine ammonia-lyase，PAL）是植物次生代谢（如木质素等）中 3 个关键酶之一，催化 L- 苯丙氨酸形成反式肉桂酸。该酶与植物体内的木质素、植保素、类黄酮、花青素等次生物质的合成密切相关，在植物正常生长发育和抵御病菌侵害过程中起重要作用。PAL 可作为植物抗病的指标酶。

【实验原理】

苯丙氨酸解氨酶催化苯丙氨酸的脱氨反应，使 NH_3 释放出来形成反式肉桂酸。此反应不可逆。根据其产物反式肉桂酸在 290 nm 处吸光度的变化可以测定该酶的活性。

【实验用品】

1. 材料

苹果、梨等供试植物材料。

2. 用品

紫外分光光度计，高速冷冻离心机，研钵，吸滤瓶，红光装置，打孔器，试管，恒温水浴锅。

3. 试剂

0.05 mol/L 硼酸缓冲液（pH 8.8），0.02 mol/L 苯丙氨酸，聚乙烯吡咯烷酮（PVP）。

【方法与步骤】

1. 植物材料的处理

将待测植物材料如苹果洗净、削皮，用打孔器取圆柱，切除两端近表皮处，将中间部分切成 2 mm 厚的圆片。将圆片用自来水漂洗后，再用蒸馏水洗一次，最后用纱布吸干表面的水分。

2. 光诱导

在培养皿中放置湿润的滤纸，将圆片平铺在滤纸上，置于 20 ~ 30℃红光下处理 24 h，以诱导 PAL 生成（也可接种病原菌诱导等），置于黑暗下的圆片作对照。

3. 酶粗提液的制备

称取经诱导处理的苹果果肉圆片 5 g，加 10 mL 含 5 mmol/L 巯基乙醇的硼酸缓冲液、0.5 g PVP（除去酚类物质毒害，防止颜色的干扰）、少量石英砂于冰浴上在研钵中研磨。将匀浆抽气、过滤，滤液 10 000 r/min 离心 15 min，上清液即为酶提取液。

4. 酶活性的测定与计算

吸取酶提取液 1 mL（对照为 1 mL 蒸馏水），加入 1 mL 0.02 mol/L 苯丙氨酸和 2 mL 蒸馏水，总体积为 4 mL。将反应液置于 30℃恒温水浴锅中保温 0.5 h，取出后用紫外分光光度计在 290 nm 处测定吸光度值。以每小时在 290 nm 处吸光度值变化 0.01 所需酶量为一单位

（相当于每毫升反应混合物形成 1 μg 肉桂酸）。蛋白质含量用福林 – 酚法进行测定。

【思考题】

如何理解苯丙氨酸解氨酶与植物的抗病作用之间的关系？

【参考文献】

刘家尧，刘新 . 植物生物学实验教程 . 北京：高等教育出版社，2010.

（柏素花）

实验 38　几丁质酶活性的测定

几丁质（壳多糖）是自然界数量仅次于纤维素的多糖，广泛存在于硅藻、真菌、昆虫、甲壳动物中等。国际医学营养食品学会认为几丁质是除糖类、蛋白质、脂质、维生素和矿物质五大生命要素以外的第六大生命要素。植物体内虽不具有几丁质，但几丁质酶（chitinase）在植物内广泛存在，在植物染病、处于其他逆境或经乙烯等化学药剂处理后，其体内几丁质酶活性上升。

【实验原理】

测定几丁质酶活性可以脱乙酰几丁、乙二醇几丁、氢同位素标记几丁或胶状几丁等为底物。通过测定每小时分解胶体几丁产生 1 μg *N* – 乙酰氨基葡糖的酶量来反映其活性高低。

【实验用品】

1. 材料

待测植物材料。

2. 用品

分光光度计，研钵或组织捣碎机，离心机，透析袋，恒温水浴锅，玻璃棉，玻璃棒。

3. 试剂

几丁质，丙酮，浓 HCl，50% 乙醇，0.1 mol/L 乙酸缓冲液（pH 5.0），高铁氰化钾，0.5 mol/L Na_2CO_3 溶液，500 μg/mL *N*– 乙酰氨基葡糖溶液，75 μmol/L 叠氮钠溶液，0.8 mol/L 硼酸钠缓冲液（pH 9.1），3% 脱盐蜗牛酶，1 mol/L 磷酸缓冲液（pH 7.1）。

【方法与步骤】

1. 胶状几丁质的制备

称取 1 g 几丁质，加入 4 mL 丙酮研磨至糊状，其间可适量加入丙酮，应充分研细。在 10℃条件下边研磨边缓缓加入浓 HCl 40 mL，几分钟后，用玻璃棉过滤，然后将滤液缓缓加入剧烈搅拌的 50% 乙醇（至少是滤液的 5 倍体积）中，使胶状几丁质沉淀析出。倾去上清液（或离心），收集胶状几丁质沉淀，用蒸馏水冲洗几次后，置于透析袋透析过夜。胶状几丁质溶液应避光保存于冰箱中。

2. 酶蛋白的提取

称取植物材料，加 5 倍体积的 0.1 mol/L 乙酸缓冲液研磨，10 000 *g* 离心 10 min，弃去沉淀。将上清液透析过夜后，10 000 *g* 离心 10 min，上清液即为酶提取液，置于冰箱备用。

3. 标准 *N*– 乙酰氨基葡糖的测定

（1）试剂配制　称取 0.5 g 高铁氰化钾，溶于 1 L 0.5 mol/L Na_2CO_3 溶液中。

（2）标准曲线制作　将 500 μg/mL *N* – 乙酰氨基葡糖溶液准确稀释至 100 μg/mL，用此再稀释成不同的浓度（包括浓度为零）。然后取几支干净的试管，分别加入不同浓度的 *N*– 乙酰氨基葡糖溶液 1.5 mL，各加入 2 mL 高铁氰化钾溶液，置于 100℃水浴 15 min，冷却，于 420 nm 处以蒸馏水为空白对照读取吸光度，吸光度的下降与 *N*– 乙酰氨基葡糖浓度成反比，*N*– 乙酰氨基葡糖浓度为零时的吸光度值约为 0.85。以吸光度差值（0.85 减糖浓度吸光度）为纵坐标，*N*– 乙酰氨基葡糖浓度为横坐标绘制标准曲线。

4. 几丁质酶活性的测定

（1）几丁质外切酶活性　吸取胶状几丁质溶液 1.5 mL（含 4 mg 几丁质），加入 0.1 mol/L 乙酸缓冲液 0.5 mL、酶提取液 0.4 mL、75 μmol/L 叠氮钠溶液 0.1 mL，混匀。于 37℃保温 2 ~ 4 h 后，加入 0.8 mol/L 硼酸钠缓冲液 0.5 mL，1 000 *g* 离心 5 min，取上清液 1.5 mL，测定几丁质外切酶作用产生的 *N*– 乙酰氨基葡糖量。以同样处理的包括底物和酶（加热失活）的反应液 1.5 mL 作为对照。各加入 2 mL 高铁氰化钾溶液，100℃水浴 15 min，以蒸馏水为空白对照，于 420 nm 处读取吸光度。以吸光度差值（标准对照吸光度减去样品液吸光度）从标准曲线求出产生的 *N*– 乙酰氨基葡糖量。

（2）几丁质内切酶活性测定　起始反应液与测定外切酶时一样。于 37℃反应 2 h 后，1 000 *g* 离心 2 min，取 1.5 mL 上清液，加入 0.1 mL 的 3% 脱盐蜗牛酶和 0.15 mL 的 1 mol/L 磷酸缓冲液（pH 7.1），37℃反应 1 h，以水解几丁质内切酶所产生的几丁质片段。并以同样处理的包括底物和酶（加热失活）的反应液为标准对照。按上述方法求得产生的 *N*– 乙酰氨基葡糖量。

以每小时分解胶体几丁质产生 1 μg *N*– 乙酰氨基葡糖的酶量为一个酶活性单位。

【思考题】

植物几丁质酶的活性与抗病性有何关系？

（刘洪庆）

实验 39　β-1,3- 葡聚糖酶活性的测定

β-1,3- 葡聚糖是绝大多数病原真菌细胞壁的主要骨架成分之一，β-1,3- 葡聚糖酶（β-1,3-glucanase）能够降解 β-1,3- 葡聚糖，通过水解病原菌细胞壁直接杀死真菌，有直接攻击病原真菌的潜在能力，是植物保卫反应中起主要作用的细胞壁水解酶之一。

【实验原理】

β-1,3- 葡聚糖酶能水解昆布多糖，切除 β-1,3- 葡聚糖苷键，产生还原末端，可通过测定还原糖含量进而测定此酶活性。

【实验用品】

1. 材料

小麦、水稻等植物的叶片。

2. 用品

恒温水浴锅，分光光度计，研钵，高速冷冻离心机。

3. 试剂

（1）聚乙烯吡咯烷酮，1 mg/mL 昆布多糖，500 μg/mL 葡萄糖溶液，0.05 mol/L 乙酸钠缓冲液（pH 5.0）。

（2）铜试剂 称取 12 g 酒石酸钾钠（$NaKC_4H_4O_3·4\ H_2O$）、24 g 无水碳酸钠（Na_2CO_3）、16 g 碳酸氢钠（$NaHCO_3$），分别溶于 200 mL 蒸馏水后混匀。另称取 4 g 硫酸铜（$CuSO_4·5\ H_2O$）溶于 200 mL 蒸馏水中，缓缓加入并搅拌到上述混合液中。再称取 180 g 无水硫酸钠（Na_2SO_4），溶于其中，沸水浴 20 min，冷却后过滤，最后定容至 1 000 mL。此液易出现结晶，应保存在 20℃以上环境条件中。

（3）砷钼酸试剂 称取 25 g 钼酸铵［$(NH_4)_6Mo_7O_{24}·4H_2O$］，溶于 450 mL 蒸馏水中，加入 22 mL 浓 H_2SO_4，充分混匀。另称取 3 g 砷酸氢二钠（$Na_2HAsO_4·7H_2O$），溶于 25 mL 蒸馏水中后，与上述钼酸铵溶液混合，37℃保温 24 ~ 48 h，贮存于棕色瓶中备用。

【方法与步骤】

1. 制作标准曲线

将 500 μg/mL 葡萄糖溶液准确稀释至 150 μg/mL，用此液再稀释成数种不同含量的葡萄糖溶液。取几支试管，分别加入不同含量的葡萄糖溶液 0.5 mL，并各加入 0.5 mL 铜试剂，沸水浴加热 10 min 后，用自来水冷却。加入 0.5 mL 砷钼酸试剂，混匀，再加入 3.5 mL 蒸馏水，于 660 nm 处测定吸光度，并制作吸光度 – 还原糖含量标准曲线。

2. 酶蛋白的提取

称取鲜重 0.5 g 的材料，放入预冷的研钵中，加 3 mL 0.05 mol/L 乙酸钠缓冲液（pH 5.0）和 0.05 g PVP，在冰浴条件下充分研磨，4 ℃下 15 000 *g* 离心 15 min，取上清液，10 000 *g* 离心 10 min，所得上清液即为酶提取液，放于冰箱备用。

3. 酶活性的测定

取 0.4 mL 1 mg/mL 昆布多糖（溶于上述乙酸缓冲液中），加入 0.1 mL 酶提取液，于 37℃保温 15 min，立即加入 0.5 mL 铜试剂，混匀，并于沸水浴中加热 10 min，然后置于冷水中冷却，再加入 0.5 mL 砷钼酸试剂，溶液呈现蓝色后加蒸馏水 3.5 mL，摇匀，660 nm 波长下比色，对照标准曲线求出样品液的还原糖含量。以 1 nmol/（g·s）为一个酶活性单位（U）。

4. 酶活性的计算

$$\beta\text{-}1,3\text{-}葡聚糖酶活性\ [\mathrm{nmol/(g\cdot s)}] = C \times V_0 \times 10^3 / (V \times t \times m \times 180)$$

式中：C 为从标准曲线查得的葡萄糖还原量（μg）；V_0 为样品提取液总体积（mL）；V 为测定时所取样品提取液体积（mL）；t 为酶促反应时间（s）；m 为样品质量（g）；180 为葡萄糖分子量。

【思考题】

此实验中提取酶蛋白时为什么要在冰浴上研磨？

（车永梅）

实验 40　植物体内游离脯氨酸含量的测定

在正常条件下，植物体内游离脯氨酸（proline）含量很低，但遇到干旱、低温和盐碱等逆境时，游离脯氨酸便会大量积累，且积累指数与植物的抗逆性有关。因此，脯氨酸可作为衡量植物抗逆性的一项生理指标。

【实验原理】

采用磺基水杨酸提取植物体内的游离脯氨酸，不仅大大减小了其他氨基酸的干扰，快速简便，而且不受样品状态（干样或鲜样）的限制。在酸性条件下，脯氨酸与茚三酮反应生成稳定的红色缩合物，用甲苯萃取后，此缩合物在波长 520 nm 处有最大吸收峰。脯氨酸含量的高低在一定范围内与其吸光度成正比。

【实验用品】

1. 材料

逆境胁迫处理后的小麦叶片材料。

2. 用品

分光光度计，水浴锅，漏斗，大试管（20 mL），具塞刻度试管（20 mL），注射器或滴管（5 ~ 10 mL）。

3. 试剂

（1）3% 磺基水杨酸溶液，甲苯，无水乙酸。

（2）2.5% 酸性茚三酮显色液　无水乙酸和 6 mol/L 磷酸以 3 : 2 的体积比混合，作为溶剂进行配制，此液在 4℃下 2 ~ 3 d 内有效。

（3）标准脯氨酸溶液　称取 25 mg 脯氨酸，蒸馏水溶解后定容至 250 mL，其终含量为 100 μg/mL。再取此液 10 mL 用蒸馏水稀释至 100 mL，即配制为 10 μg/mL 标准脯氨酸溶液。

【方法与步骤】

1. 标准曲线的制作

（1）取 7 支具塞刻度试管按表Ⅱ-18 加入各试剂。混匀后加玻璃球塞，在沸水中加热 40 min。

表Ⅱ-18　游离脯氨酸含量测定各试管中试剂加入量

试剂	管号						
	0	1	2	3	4	5	6
标准脯氨酸溶液 /mL	0	0.2	0.4	0.8	1.2	1.6	2.0
蒸馏水 /mL	2.0	1.8	1.6	1.2	0.8	0.4	0
无水乙酸 /mL	2.0	2.0	2.0	2.0	2.0	2.0	2.0
2.5% 酸性茚三酮显色液 /mL	3.0	3.0	3.0	3.0	3.0	3.0	3.0
脯氨酸含量 /μg	0	2	4	8	12	16	20

（2）取出、冷却后向各管加入 5 mL 甲苯充分振荡，以萃取红色物质。静置待分层后吸取甲苯层以“0”号管为对照在 520 nm 波长下比色。

2. 样品的测定

（1）脯氨酸的提取　取不同处理的剪碎混匀小麦叶片 0.2～0.5 g（干样根据水分含量酌减），分别置于大试管中，加入 5 mL 3% 磺基水杨酸溶液，管口加盖玻璃球塞，于沸水浴中浸提 10 min，即为样品提取液。

（2）显色反应　待浸提液冷却至室温后，吸取上清液 2 mL，加 2 mL 无水乙酸和 3 mL 2.5% 酸性茚三酮显色液，于沸水浴中加热 40 min。取出冷却后向各管加入 5 mL 甲苯充分振荡，以萃取红色物质。

（3）比色测定　将萃取液静置，待分层后吸取甲苯层，以空白管为对照，在波长 520 nm 下测定吸光度值。

（4）结果计算　从标准曲线中查出测定液中脯氨酸含量，按下式计算样品中脯氨酸含量的百分数。

$$脯氨酸含量（\mu g/g）=（m_{pro}\times V_0/V_1）/m$$

式中，m_{pro} 为提取液中脯氨酸含量（μg），由标准曲线求得；V 为提取液总体积（mL）；V_1 为测定时所吸取提取液的体积（mL）；m 为样品质量（g）。

注意事项：

样品测定时若环境温度较低，萃取物分层不清晰，可将试管置于 40℃左右的水浴中快速测定。

【思考题】

1. 测定植物体内游离脯氨酸含量有何意义？

2. 当改变萃取剂时，比色应做哪些改变？如何选择最适波长？如何选择最佳萃取剂？

（马倩）

实验 41　植物组织中丙二醛含量的测定

植物器官衰老或在逆境下遭受伤害时，往往发生膜脂过氧化作用，丙二醛（malonaldehyde，MDA）是膜脂过氧化的最终分解产物，MDA 从膜上产生的位置释放出后，与蛋白质、核酸起反应修饰其特征，可使纤维素分子间的桥键松弛，或抑制蛋白质的合成。MDA 的积累可能对膜和细胞造成一定的伤害，其含量可以反映植物遭受逆境伤害的程度。

【实验原理】

教学课件 2-13 植物组织中丙二醛含量的测定

MDA 是常用的膜脂过氧化指标，在酸性和高温条件下，可以与硫代巴比妥酸（TBA）反应生成红棕色的三甲川（3,5,5′- 三甲基噁唑 -2,4- 二酮），其最大吸收波长在 532 nm。但是测定植物组织中 MDA 时易受多种物质的干扰，其中最主要的是可溶性糖，可溶性糖与 TBA 显色反应产物的最大吸收波长在 450 nm，532 nm 处也有吸收。植物遭受干旱、高温、低温等逆境胁迫时可溶性糖含量增加，因此测定植物组织中 MDA 含量时一定要排除可溶性糖的干扰。

1. 直线回归法

MDA 与 TBA 显色反应产物在 450 nm 波长下的吸光度值为零。不同浓度的蔗糖（0 ~ 25 mmol/L）与 TBA 显色反应产物在 450 nm 的吸光度值与 532 nm 和 600 nm 处的吸光度值之差成正相关，配制一系列浓度的蔗糖与 TBA 进行显色反应后，测定上述 3 个波长处的吸光度值，求其直线方程，可计算糖分在 532 nm 处的吸光度值。UV-120 型紫外可见分光光度计的直线方程为：

$$A_{532} = -0.001\,98 + 0.088\,A_{450} \quad ①$$

样品显色后分别测定 450 nm、532 nm 和 600 nm 的吸光度值，根据以上方程求出该样品中糖分在 532 nm 处的吸光度值 A_{532}，用 532 nm 和 600 nm 的吸光度值之差再减去 A_{532}，即可得 MDA-TBA 反应产物在 532 nm 处的吸光度值，用该值进一步计算植物样品中的 MDA 含量。

2. 双组分分光光度计法

根据朗伯－比尔定律：$A = KCL$，当液层厚度为 1 cm 时，$K = A/C$，K 为该物质的比吸收系数。当某一溶液中有数种吸光物质时，某一波长下的吸光度值等于此混合液在该波长下各显色物质的吸光度值之和。

已知蔗糖与 TBA 显色反应产物在 450 nm 和 532 nm 波长下的比吸收系数分别为 85.40 和 7.40。MDA 在 450 nm 波长下无吸收，其比吸收系数为 0，MDA 在 532 nm 波长下的比吸收系数为 155，根据双组分分光度计法建立方程组，求解方程得计算公式：

$$C_1 = 11.71\,A_{450} \quad ②$$

$$C_2 = 6.45\,(A_{532} - A_{600}) - 0.56\,A_{450} \quad ③$$

式中，C_1 为可溶性糖浓度（mmol/L），C_2 为 MDA 浓度（μmol/L），A_{450}、A_{532}、A_{600} 分别代表 450 nm、532 nm 和 600 nm 波长下的吸光度值。

【实验用品】

1. 材料

受干旱、高温、低温等逆境胁迫的植物叶片或衰老的植物器官。

2. 用品

紫外可见分光光度计，水浴锅，离心机，电子天平，离心管（10 mL），研钵，试管，刻度吸管（10 mL、2 mL），剪刀。

3. 试剂

100 g/L 三氯乙酸（TCA）溶液，6 g/L TBA（先加少量 1 mol/L NaOH 溶液溶解，再用 0.1 g/mL 的三氯乙酸定容），石英砂。

【方法与步骤】

1. MDA 的提取

称取剪碎的实验材料 1 g，加入 2 mL 100 g/L TCA 溶液和少量石英砂，研磨至匀浆，再加 8 mL 100 g/L TCA 溶液进一步研磨，匀浆在 4 000 r/min 离心 10 min，上清液为样品提取液。

2. 显色反应和测定

吸取上清液 2 mL（空白加 2 mL 蒸馏水），加入 2 mL 6 g/L TBA 溶液，混匀，于沸水浴中反应 15 min，迅速冷却后离心。取上清液，测定 532 nm、600 nm 和 450 nm 波长下的吸光度值。

3. 计算含量

（1）直线方程法 按公式①求出样品中可溶性糖在 532 nm 处的吸光度值 A_{532}，用实测 532 nm 的吸光度值减去 600 nm 非特异吸收的吸光度值再减去 A_{532}，其差值为测定样品中 MDA–TBA 反应产物在 532 nm 的吸光度值。按 MDA 在 532 nm 处的毫摩尔消光系数为 155 换算求出提取液中 MDA 浓度。

（2）双组分分光光度法 按公式③可直接求得植物样品提取液中 MDA 的浓度。

求得 MDA 浓度后，根据植物组织的质量计算测定样品中 MDA 的含量：

$$\text{MDA 含量}(\mu\text{mol/g}) = \frac{C_1 \times V}{m \times 10^3}$$

式中，C_1 为 MDA 浓度（μmol/L），V 为提取液体积（mL），m 为植物组织鲜重（g）。

注意事项：

彩图 2-18 检测丙二醛杂质有无

低浓度的 Fe^{3+} 能够显著增加 TBA 与蔗糖或 MDA 显色反应物在 532 nm、450 nm 处的吸光度值，所以在蔗糖、MDA 与 TBA 显色反应中需一定量的 Fe^{3+}，通常植物组织中 Fe^{3+} 含量为 100～300 μg/g，根据植物样品质量和提取液的体积，加入 Fe^{3+} 的终浓度为 0.5 μmol/L。

【思考题】

1. 本实验中显色反应后，再次离心的目的是什么？
2. 本实验中加入 Fe^{3+} 的目的是什么？

（马倩）

实验 42 植物组织中氧自由基含量的测定

进入生物体内的氧分子，参与酶促或非酶促反应时，只接受一个电子后转变为超氧阴离子自由基（$O_2^{\cdot -}$），$O_2^{\cdot -}$ 既能与体内的蛋白质和核酸等活性物质直接作用，又能衍生为 H_2O_2、羟自由基（·OH）、单线态氧（$^1O_2$）等。·OH 可以引发不饱和脂肪酸脂质发生过氧化反应，产生一系列自由基，如脂质自由基（·R）、脂氧自由基（RO·）、脂过氧自由基（ROO·）和脂过氧化物（ROOH）。基团旁边的小圆点为不成对价的电子，这种基团即称为自由基，带有 –O–O– 的是过氧化物，$^1O_2$ 的电子处于激发状态。这些含有氧而又比氧气活泼很多的化合物，称为活性氧，也有人将它们统统归纳为氧自由基（oxygen free radical）。一切需氧生物均能产生活性氧，在其体内有一套完整的活性氧清除系统（包括抗氧化酶和抗氧化剂），能将活性氧转变为活性较低的物质，机体因此受到保护。

【实验原理】

利用羟胺氧化的方法可以检测生物系统中 $O_2^{\cdot -}$ 含量，原理是：$O_2^{\cdot -}$ 与羟胺反应生成 NO_2^-，

NO_2^- 在对氨基苯磺酸和 α- 萘胺的作用下，生成粉红色的偶氮染料，此染料在 530 nm 有显著吸收，根据 A_{530} 可以计算出样品中的 $O_2^{\cdot-}$ 含量。

【实验用品】

1. 材料

大豆、绿豆或花生 3 d 龄黄化幼苗的下胚轴。

2. 用品

低温离心机，恒温水浴锅，紫外可见分光光度计。

3. 试剂

（1）50 mmol/L 磷酸缓冲液（pH 7.8），无水乙酸。

（2）17 mmol/L 对氨基苯磺酸　称取 0.294 4 g 对氨基苯磺酸，将无水乙酸与水按 3∶1 的体积比混合作为溶剂，溶解并定容至 100 mL。

（3）7 mmol/L 萘胺　称取 0.1 g 萘胺，将无水乙酸与水按 3∶1 的体积比混合作为溶剂，溶解并定容至 100 mL。

（4）1 mmol/L 盐酸羟胺　称取 0.007 g 盐酸羟胺，用蒸馏水溶解并定容至 100 mL。

（5）5 mmol/L $NaNO_2$ 标准液　称取 AR 级 $NaNO_2$ 0.69 g，用蒸馏水溶解并定容至 100 mL，即为 1 mol/L $NaNO_2$ 母液（4℃冰箱存放）。使用时稀释 200 倍，即，取 1 mL 母液稀释至 200 mL，即为 5 mmol/L $NaNO_2$ 标准液。

【方法与步骤】

1. 植物样品提取液的制备

取大豆、绿豆、花生 3 d 龄黄化幼苗的下胚轴，按 SOD 活性测定中的方法制备样品提取液。

2. NO_2^- 标准曲线的制作

1 mL 系列浓度的 $NaNO_2$（0、5 μmol/L、10 μmol/L、15 μmol/L、20 μmol/L、30 μmol/L、40 μmol/L 和 50 μmol/L）溶液中分别加入 1 mL 对氨基苯磺酸和 1 mL α- 萘胺，25℃保温 20 min，然后测定 A_{530}，以［NO_2^-］和测得的 A_{530} 值互为函数作图，制得 NO_2^- 标准曲线。

3. $O_2^{\cdot-}$ 含量测定

0.5 mL 样品提取液中加入 0.5 mL 50 mmol/L 磷酸缓冲液（pH 7.8）和 1 mL 1 mmol/L 盐酸羟胺，摇匀，于 25℃中保温 1 h，然后再加入 1 mL 17 mmol/L 对氨基苯磺酸和 1 mL 7 mmol/L α- 萘胺，混匀，于 25℃中保温 20 min，取出用分光光度计测定波长 530 nm 的吸光度值。

【实验结果】

根据实验方法与步骤第 3 步测得的 A_{530}，查 NO_2^- 标准曲线，将 A_{530} 换算成［NO_2^-］，然后依照羟胺与 $O_2^{\cdot-}$ 的反应式 $NH_2OH + 2\ O_2^{\cdot-} + H^+ \rightarrow NO_2^- + H_2O_2 + H_2O$，从［$NO_2^-$］对［$O_2^{\cdot-}$］进行化学计量，即将［$NO_2^-$］乘以 2，得到［$O_2^{\cdot-}$］，根据记录样品与羟胺反应的时间和样品中的蛋白质含量（蛋白质浓度的测定和计算参照“植物组织中超氧化物歧化酶活性测定”实验），可求得氧自由基产生速率［nmol/（min·mg）］。

注意事项：

如果样品中含有大量叶绿素会干扰测定，可在样品与盐酸羟胺温浴后，加入等体积的乙醚萃取叶绿素，然后再加入对氨基苯磺酸和 α- 萘胺作 NO_2^- 的显色反应。

【思考题】

氧自由基含量测定过程中如何排除叶绿素的干扰？

（马倩）

实验 43　DAB 和 NBT 染色检测过氧化氢和超氧阴离子

活性氧（ROS）是指机体内或自然环境中由氧组成，含氧并且性质活泼的物质的总称，植物在胁迫环境条件下会产生 ROS 的过度积累，造成膜脂过氧化损伤，因此 ROS 水平的变化可以从一定程度反映植物受损伤的程度。

【实验原理】

在过氧化氢酶的催化下，过氧化氢能与 DAB（3,3- 二氨基联苯胺四盐酸盐）迅速反应生成棕红色不溶性产物，用于检测过氧化氢。超氧阴离子是另一种活性氧，能将 NBT（氮蓝四唑）还原成不溶于水的蓝色甲臜化合物，从而定位组织中的超氧阴离子。

【实验用品】

1. 材料

经胁迫的植物幼苗或根尖。

2. 用品

滤纸，镊子。

3. 试剂

（1）0.1 mol/L 磷酸缓冲液（pH 3.8）。

（2）0.1 mol/L Tris 缓冲液（pH 7.4）。

（3）DAB 染色工作液　将 100.0 mg DAB 以 100.0 mL 磷酸缓冲液（pH 3.8）充分溶解，得到 DAB 染色工作液，4℃避光保存。

（4）NBT 染色工作液　将 50.0 mg NBT 以 100.0 mL Tris 缓冲液（pH 7.4）充分溶解，得到 NBT 染色工作液，避光 4℃保存。

【方法与步骤】

1. 采集经胁迫（如盐胁迫）的植物幼苗或根尖，纯水洗净，置于滤纸上吸去表面水分。将植物幼苗或根尖分别浸没在 DAB 和 NBT 染色工作液中，常温避光染色 2 ~ 6 h，至阳性部位出现深棕色或蓝色，其余部位近无色或呈植物本身的颜色即可（根据植物幼嫩程度、显色程度调整染色时间）。

2. 用镊子将植株幼苗或叶片小心取出，浸入纯水中反复漂洗 3 ~ 5 次，置于滤纸上吸干表面多余水分后，浸入 95% 乙醇中 40℃处理 3 ~ 16 h，目的是脱去植株幼苗或叶片本身的叶绿素或淡蓝色背景，脱色期间可多次更换新鲜的 95% 乙醇。

3. 用镊子取出植株幼苗或者叶片，浸入纯水中来回漂洗 3 ~ 5 次，置于滤纸上吸干多余水分后，将样本转入适量 DAB 和 NBT 样本保存液中浸泡 30 min，随后可取出拍照。样本可置于该保存液中常温保存一周。

注意事项：

（1）DAB 和 NBT 染色工作液配制好以后需 4℃避光保存，一周内使用。存放时间过久，会影响显色。

（2）因任何外在因素都可能刺激植物应激产生过氧化氢和超氧阴离子，因此植物样本需要新鲜采集，并尽快完成染色。

（3）样本染色完成后尽快拍照保存结果。

【思考题】

此实验中染色过程为什么要进行避光处理？

（刘广超）

第三篇

综合性和研究性实验案例

案例 1　eATP 介导 H_2S 诱导的拟南芥气孔关闭过程

【研究背景】

硫化氢（hydrogen sulfide，H_2S）是近年来被确认的在植物生命活动中起重要作用的物质，外源 H_2S 能够调控气孔运动，但其作用机制尚不清晰。胞外 ATP（extracellular ATP，eATP）是植物内源信号分子（Mohammad-sidik 等，2021），ABC 转运体（ABC transporter）参与了植物胞内 ATP 的向外分泌（Thomas 等，2000）。有证据显示，拟南芥（*Arabidopsis thaliana*）气孔保卫细胞中存在 ABC 转运体耐药相关蛋白（multidrug resistance-associated protein，MRP）亚家族中的 AtMRP4 和 AtMRP5，并与气孔运动有关（Gong 等，2022；Klein 等，2003）。

【问题提出】

eATP 是否参与 H_2S 对气孔运动的调节过程？其来源如何？

【研究思路】

检测质膜嘌呤受体抑制剂磷酸吡哆醛 -6- 偶氮苯基 -2′,4′- 二硫酸（PPADS）、ATP 水解酶 Apyrase 和 ABC 转运体抑制剂格列本脲（glibenclamide，Gli）对 H_2S 诱导的拟南芥气孔关闭作用以及 H_2S 和 Gli 对拟南芥幼苗叶片 eATP 含量的影响，利用药理学实验证明 eATP 参与 H_2S 诱导的拟南芥气孔关闭过程。

检测 H_2S 对 *AtMRP4* 和 *AtMRP5* 相对表达量，以及对 *AtMRP4* 和 *AtMRP5* 的 T-DNA 插入突变体 *AtMRP4*、*AtMRP5* 及 *AtMRP4/5* 双突变体的叶片 eATP 含量和气孔开度的影响，证实 ABC 转运体 AtMRP4 和 AtMRP5 途径来源的 eATP 参与 H_2S 诱导的拟南芥气孔关闭过程，为 eATP 参与 H_2S 诱导的拟南芥气孔关闭过程提供遗传学实验证据。

【技术路线】

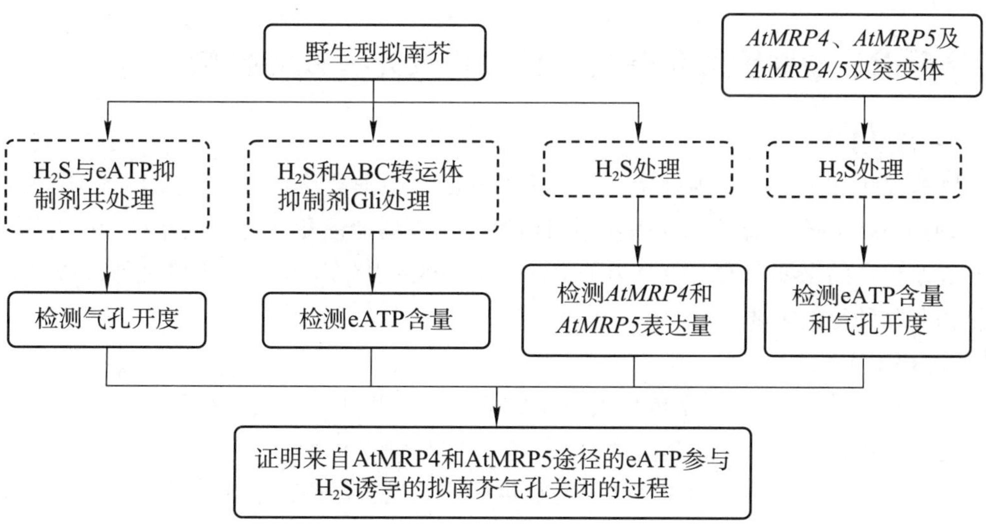

【材料】

4 周龄的拟南芥及其突变体。

【研究方法】

1. 利用叶青等（2011）的方法测定气孔开度。

2. 利用 Weerasinghe 等（2009）的方法检测 eATP 含量。

3. 利用荧光定量 PCR 检测 *AtMRP4* 和 *AtMRP5* 相对表达量。

【参考文献】

叶青，侯智慧，刘菁，等. H_2O_2 介导 H_2S 诱导的拟南芥气孔关闭. 植物生理学报，2011，47（12）：1 195–1 200.

GONG J Q，YAO L J，JIAO C Y，et al. Ethyl vinyl ketone activates K^+ efflux to regulate stomatal closure by MRP4-dependent eATP accumulation working upstream of H_2O_2 burst in *Arabidopsis*. Int J Mol Sci，2022，23（16）：9002.

KLEIN M，PERFUS-BARBEOCH L，FRELET A，et al. The plant multidrug resistance ABC transporter AtMRP5 is involved in guard cell hormonal signalling and water use. Plant J，2003，33（1）：119–129.

MOHAMMAD-SIDIK A，SUN J，SHIN R，et al. Annexin 1 is a component of eatp-induced cytosolic calcium elevation in *Arabidopsis thaliana* roots. Int J Mol Sci，2021，22（2）：494.

THOMAS C，RAJAGOPAL A，WINDSOR B，et al. A role for ectophosphatase in xenobiotic resistance. Plant Cell，2000，12：519–533.

WEERASINGHE R R，SWANSON S J，OKADA S F，et al. Touch induces ATP release in *Arabidopsis* roots that is modulated by the heterotrimeric G-protein complex. FEBS Lett，2009，583（15）：2 521–2 526.

（刘新）

案例 2 盐胁迫对葡萄光合特性和荧光参数的影响

【研究背景】

土壤盐渍化在世界范围内都是一个严重的问题，中国盐渍土面积约为 1.0×10^8 hm^2，由于不正确的耕作方式，盐渍化面积在不断地扩大。土壤盐渍化严重影响作物的生存与生长，是限制农业生产的主要因素之一。为了增加对土地的利用，除了改良土壤之外，选育耐盐性强的植物和品种至关重要。

【问题提出】

葡萄（*Vitis vinifera* L.）是世界上主要的鲜食果品和加工原料，在我国的栽培面积稳步增长。在果树中葡萄属于比较耐盐的树木，但不同品种之间耐盐性不同，因此对不同耐盐性品种进行研究，可为充分利用盐渍化土地提供思路。光合作用是植物正常生长发育的基本保障，盐胁迫对葡萄光合作用有什么样的影响，其作用机制是什么？本案例通过对此问题的探讨，以期为葡萄的耐盐育种和栽培提供参考。

【研究思路】

通过测定气体交换参数（P_n、G_s、C_i）和叶绿素含量等，了解盐胁迫对葡萄光合作用的影响；利用叶绿素荧光参数研究盐胁迫对葡萄光系统活性的影响；检测抗氧化酶活性、ROS 和 MDA 含量，进一步探讨盐胁迫对葡萄光合作用的影响机制。

【技术路线】

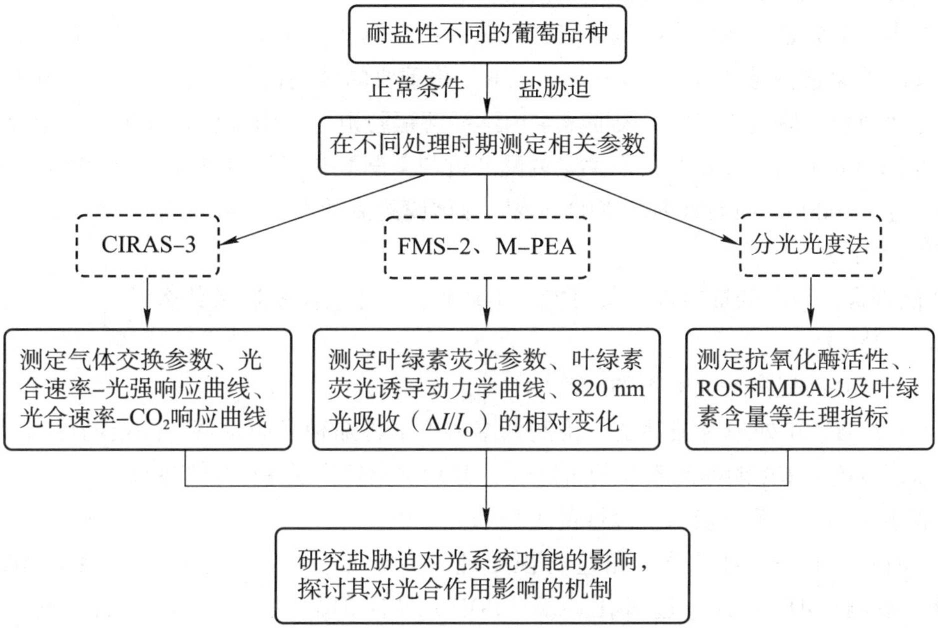

【材料】

盆栽的耐盐性不同的葡萄品种。

【研究方法】

1. 气体交换参数的测定参照 Chang 等（2020）的方法。

2. 快速叶绿素荧光诱导动力学曲线测定参考 Chen 等（2021）的方法，利用 M-PEA 同时测定快速叶绿素荧光诱导动力学曲线和 820 nm 光吸收（$\Delta I/I_o$）的相对变化，根据 OJIP 曲线分析光系统活性的变化。

视频 3-1 CIRAS-3 光合荧光测定系统操作指南

3. 抗氧化酶活性和 ROS 含量测定参照刘家尧等（2010）的方法。

视频 3-2 多功能效率仪（M-PEA）

【参考文献】

刘家尧，刘新．植物生理学实验教程．北京：高等教育出版社，2010.

CHANG T G，SONG Q F，ZHAO H L，et al. An *in situ* approach to characterizing photosynthetic gas exchange of rice panicle. Plant Methods，2020，16：92.

CHEN X J，ZHOU Y，CONG Y D，et al. Ascorbic acid-induced photosynthetic adaptability of processing tomatoes to salt stress probed by fast OJIP fluorescence rise. Front Plant Sci，2021，12：594400.

（杨德翠）

案例 3 油菜素内酯提高番茄幼苗抗冷性的作用机制

【研究背景】

番茄（*Lycopersicon esculentum* Mill.）营养丰富，具有多种保健作用，是我国设施园艺栽培的重要蔬菜。但番茄属于喜温作物，对冷害敏感，在冬春保护地生产过程中，经常遭受低温的影响，造成品质和产量降低，研究番茄的抗冷机制、提高其抗冷性对于番茄栽培具有重要意义。油菜素内酯（brassinosteroid，BR）是重要的植物内源激素，参与调节多种植物生长发育和逆境适应过程。24- 表油菜素内酯缓解镉胁迫对拟南芥侧根和不定根形成的抑制作用（Della Rovere 等，2022）；油菜素内酯通过与茉莉酸相互拮抗参与调控拟南芥的防御反应（Liao 等，2020）；油菜素内酯影响大麦叶绿体膜的流动性（Sadura 等，2021）。

【问题提出】

BR 能否提高番茄的抗冷性？其可能的生理和分子生物学机制是什么？

【研究思路】

1. 确定 BR 能提高番茄幼苗的抗冷性

用不同浓度 BR 处理番茄幼苗，检测低温胁迫下番茄种子萌发率、幼苗的株高、干 / 鲜重等指标，以确定 BR 能提高番茄的抗冷性，并筛选出适宜的 BR 处理浓度。

2. 探究 BR 提高番茄幼苗抗冷性的生理和分子机制

用适宜浓度的 BR 对番茄幼苗进行预处理，测定低温胁迫下植株叶片 MDA 和可溶性糖含量，检测 SOD、CAT、过氧化物酶（POD）等保护酶以及蔗糖磷酸合成酶（sucrose phosphate synthase，SPS）、转化酶（invertase，Inv）、蔗糖合酶（sucrose synthase，SS）等糖代谢的关键酶活性及相关基因的表达量，以探究 BR 提高番茄抗冷性的生理和分子机制。

【技术路线】

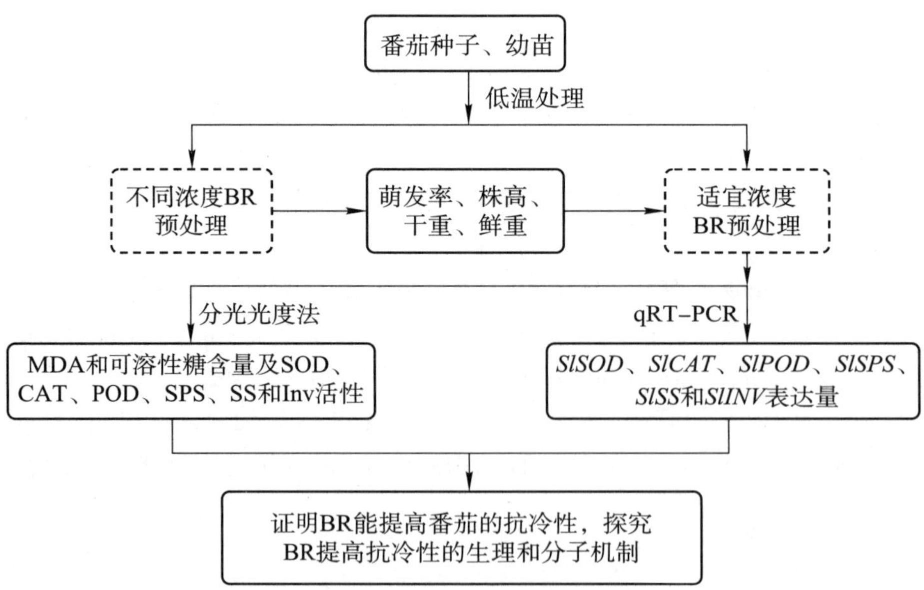

【研究方法】

1. 用分光光度法测定 MDA 和可溶性糖含量以及 SOD、CAT、POD、SPS、SS 和 Inv 等的活性。

2. 通过荧光定量 PCR 测定 *SlSOD*、*SlCAT*、*SlPOD*、*SlSPS*、*SlSS* 和 *SlINV* 表达量。

【参考文献】

DELLA ROVERE F，PIACENTINI D，FATTORINI，et al. Brassinosteroids mitigate cadmium effects in Arabidopsis root system without any cooperation with nitric oxide. Int J Mol Sci，2022，23：825.

LIAO K，PENG Y J，YUAN L B，et al. Brassinosteroids antagonize jasmonate-activated plant defense responses through BRI1-EMS-SUPPRESSOR1（BES1）. Plant Physiol，2020，182（2）：1066-1082.

SADURA I，LATOWSKI D，OKLESTKOVA J，et al. Molecular dynamics of chloroplast membranes isolated from wild-type barley and a brassinosteroid-deficient mutant acclimated to low and high temperatures. Biomolecules，2021，11：27.

（车永梅）

案例 4　泡囊丛枝菌根真菌通过诱导 IAA 信号促进植物生长

【研究背景】

植物生长发育和形态建成是一个非常复杂的过程，受多种因素调控（张娟，2009；任怡怡，2012）。泡囊丛枝菌根（arbuscular mycorrhizae，AM）真菌是一类广泛存在的内共生有益真菌，可以与诸多经济作物共生，促进植物生长发育，提高植物生长和改善作物品质（Huey 等，2020）。众多研究表明，其促进生长或改善品质的途径有很多，如促进植物根系对土壤中养分的吸收，或提高植物抗逆性等（Huey 等，2020）。也有研究表明 AM 真菌可以引起植物体内源激素的含量改变（Wang 等，2021；Yao 等，2005；于建新，2010），但这种改变如何进行，以及叶片 / 根中 IAA 生长素受体相关基因 *ABP1* 和 *TIR1*、合成途径相关基因 *ARF1* 和 *AMI*、运输途径相关蛋白基因 *AUX1*、*PIN* 和 *PGP* 等在 AM 真菌作用下与植物生长的关系及其具体影响植物生长的机制是什么，都有待研究。因此，AM 真菌调控 IAA 改变植物生长机制的研究具有重要的理论和实践意义。

【问题提出】

1. AM 真菌是否能促进植物生长？

2. AM 真菌作用下植物内源激素 IAA 含量有无显著变化？

3. AM 真菌调控植物体内 IAA 的分子机制是什么？

【研究思路】

1. 探究植物与 AM 真菌的互作

通过检测 AM 真菌侵染率、定殖率和内生孢子等指标，揭示 AM 真菌和植物的互作关系。

2. 研究共生后植物生长发育的变化

植株与 AM 真菌互作后其形态指标（生长发育、叶色等）有何变化？探究 AM 真菌对植物生长的调控作用。

3. 研究植物形态改变过程中植物内源激素 IAA 的变化

在 AM 真菌与植物互作过程中，通过对不同组织器官 IAA 含量的测定分析，了解 IAA 在 AM 真菌对植物生长发育影响过程中的可能功能。

4. 研究植物内源激素 IAA 调控途径

通过检测在 AM 真菌与植物互作过程中，植物组织器官中 IAA 合成、受体和转运蛋白基因相对表达量的变化，结合 IAA 含量变化的分析，了解 AM 真菌调控植物内源激素 IAA 的作用机制。

【技术路线】

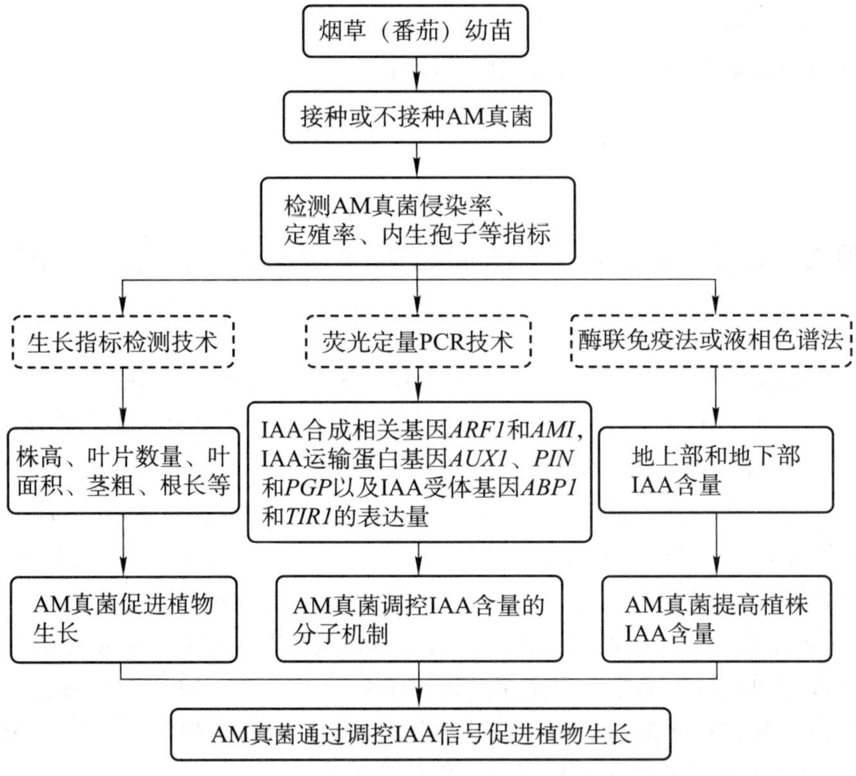

【材料】

AM 真菌、烟草和番茄幼苗。

【研究方法】

1. 参照 Chauhan 等（2022）的方法培养及检测 AM 真菌。

2. 利用酶联免疫法（Yao 等，2005；于建新等，2010）或液相色谱法（Fitze 等，2005）测定 IAA 含量。

3. 利用荧光定量 PCR 检测 *ARF1* 和 *AMI* 等基因的相对表达量。

【参考文献】

任怡怡，戴绍军，刘炜 . 生长素的运输及其在信号转导及植物发育中的作用 . 生物技术通报，2012，3：9–16.

于建新，李辉，郭绍霞，等 . 丛枝菌根真菌对番茄植株内源激素含量的影响 . 青岛农业大学学报（自然科学版），2010，27（2）：100–104.

张娟 . 生长素信号转导途径及参与的生物学功能研究进展 . 生命科学研究，2009，13（3）：272–277.

CHAUHAN S，MAHAWAR S，JAIN D，et al. Boosting sustainable agriculture by arbuscular mycorrhiza under stress condition: mechanism and future prospective. Biomed Res Int，2022：5275449.

FITZE D，WIEPNING A，KALDORF M，et al. Auxins in the development of an arbuscular mycorrhizal symbiosis in maize. J Plant Physiol，2005，162：1 210–1 219.

HUEY C J，GOPINATH S C B，UDA M N A，et al. Mycorrhiza: a natural resource assists plant growth under varied soil conditions. 3 Biotech，2020，10（5）：204.

WANG Y，ZHANG W Z，LIU W K，et al. Auxin is involved in arbuscular mycorrhizal fungi–promoted tomato growth and NADP–malic enzymes expression in continuous cropping substrates. BMC Plant Biol，2021，21：48.

YAO Q，ZHU H H，CHEN J Z，et al. Growth responses and endogenous IAA and iPAs changes of litchi（*Litchi chinensis* Sonn.）seedlings induced by arbuscular mycorrhizal fungal inoculation. Sci Hortic，2005，105（1）：145–151.

（赵方贵）

案例 5　盐胁迫下紫花苜蓿幼苗某些生理指标的变化

【研究背景】

植物对逆境（干旱、盐碱、热、冷、冻等）反应各异。有的植物对逆境具有适应能力或抗性，有的植物较为敏感。当胁迫超出了植物正常生长发育所能承受的范围，将导致植物体内产生一系列的生理生化变化，甚至使植物受到伤害而死亡。

【问题提出】

紫花苜蓿（*Medicago sativa* L.）因其蛋白质含量高、营养价值高，素有“牧草之王”的美称，是一种优质饲料。如何在各种环境下推广种植苜蓿，极为重要。但苜蓿品种繁多，生物特性各异，研究抗盐碱胁迫虽然已有一些报道（Bhattarai 等，2021；Li 等，2021；Xie 等，2023），但是关于盐碱地区的抗盐碱性品种的筛选（Li 等，2021）以及其内部生理生化变化机制，目前还不清楚，有待于进一步研究。

【研究思路】

本实验拟选定多个不同抗性的紫花苜蓿品种，给予不同的盐胁迫条件，研究其植物内部的细胞膜透性、膜脂过氧化和渗透调节物质（脯氨酸）以及活性氧清除相关酶类的生理指标的变化，以探讨逆境对其伤害及其适应机制，为实际生产应用提供一定的理论指导和依据。

【技术路线】

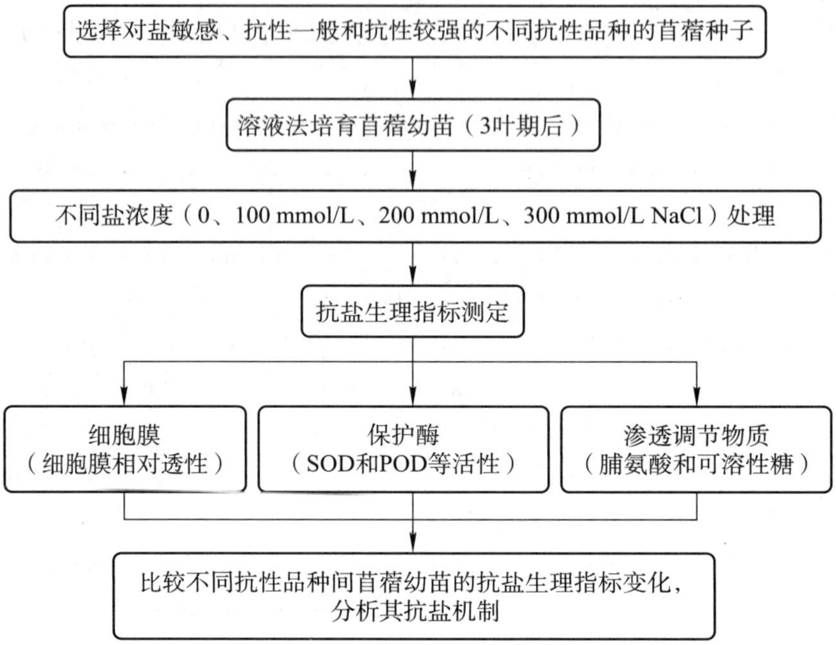

【材料】

不同品种紫花苜蓿的种子（最好具有胁迫敏感性或抗性）。

【研究方法】

植物的细胞质膜透性、丙二醛含量、脯氨酸含量及超氧化物歧化酶活性（方法见本书实验 35）。

【参考文献】

BHATTARAI S，FU Y B，COULMAN B，et al. Transcriptomic analysis of differentially expressed genes in leaves and roots of two alfalfa（*Medicago sativa* L.）cultivars with different salt tolerance. BMC Plant Biol，2021，21：446.

LI C X，SONG T T，ZHAN L F，et al. Overexpression of MsRCI2A, MsRCI2B, and MsRCI2C in alfalfa（*Medicago sativa* L.）provides different extents of enhanced alkali and salt tolerance due to functional specialization of MsRCI2s. Front Plant Sci，2021，12：702195.

XIE J，LI Y，JIANG G Q，et al. Seed color represents salt resistance of alfalfa seeds（*Medicago sativa* L.）：Based on the analysis of germination characteristics, seedling growth and seed traits. Front Plant Sci，2023，14：1104948.

（刘洪庆）

案例 6 苹果异分支酸合酶基因 *MdICS1* 的克隆与抗病性分析

【研究背景】

异分支酸合酶（isochorismate synthase，ICS）是水杨酸（salicylic acid，SA）合成途径中的关键酶，可将分支酸变构为异分支酸，然后经丙酮酸裂解酶的作用分解形成 SA（Peng 等，2021）。ICS 途径最早在细菌中被发现，但已被证实为植物合成 SA 的主要途径（Lefevere 等，2020）。ICS1 包含一个质体转运序列和切割位点，其底物存在于叶绿体中（Wu 等，2021）。ICS 中存在多个磷酸化位点，可以满足不同组织器官对此酶活性的要求（李关荣等，2014）。在植物产生免疫反应的过程中，SA 主要是通过 ICS 途径来合成，在拟南芥和烟草（*Nicotiana tabacum*）中，分支酸在 ICS 作用下可以使 SA 含量得以积累，从而提高植物对病原菌的抗性（Dempsey 等，2011）。

【问题提出】

苹果（*Malus pumila*）中异分支酸合酶（MdICS）在苹果抗病反应中是否具有重要作用?

【研究思路】

利用 RACE 技术克隆‘嘎拉’苹果幼叶中 *MdICS* 基因全长，对苹果 *MdICS* 基因进行功能验证；利用荧光定量 PCR 技术检测 *MdICS* 基因在不同组织、器官中的表达量，用不同激素如茉莉酸（JA）、脱落酸（ABA）和乙烯（ETH），低温、NaCl、H_2O_2 以及叶枯炭疽病菌胁迫处理苹果后，对 *MdICS* 基因的时序表达进行分析，研究苹果 *MdICS* 在苹果植物抗逆境反应中的作用。

【技术路线】

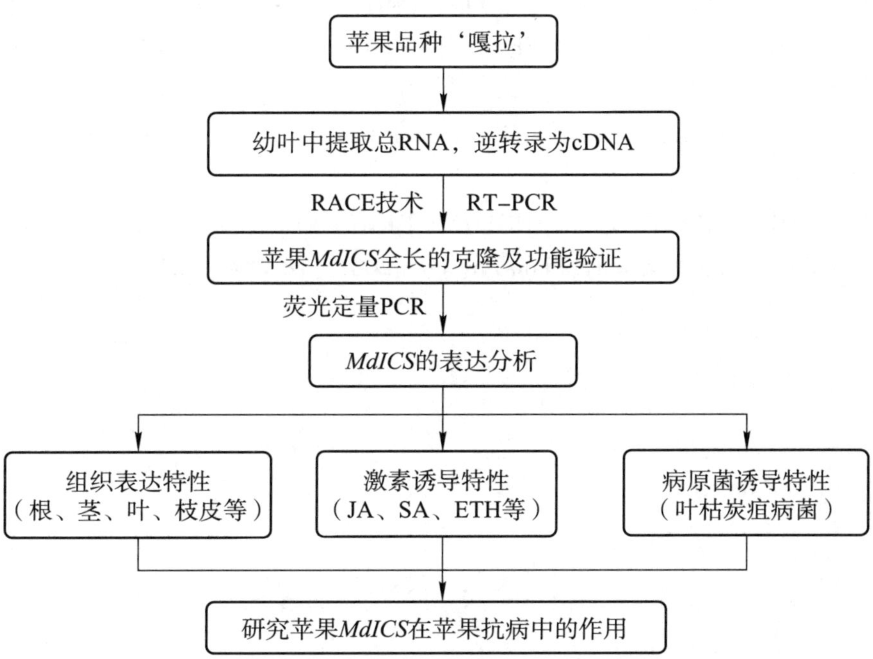

【试验材料】

‘嘎拉’苹果（*Malus domestica* Borkh. cv. Gala）；叶枯炭疽病菌（*Glomerella cingulate*）。

视频 3-3 荧光定量 PCR 仪的操作

【研究方法】

1. 总 RNA 的提取

采用商品化的 EASYspin 植物 RNA 快速提取试剂盒提取总 RNA，方法有所改进。

2. cDNA 的合成

用 RT-PCR 法合成 cDNA，cDNA 的合成参照 SMARTTM PCR cDNA Synthesis Kit 试剂盒说明，稍有改动。

3. *MdICS* 基因的克隆

参照柏素花等（2012）的方法。

4. *MdICS* 相对表达量的分析

实时荧光定量 PCR 通过罗氏 LightCycler 480 系统定量进行。按 Livak 和 Schmittgen（2001）的方法进行 *MdICS* 相对表达量的数据分析。

【参考文献】

柏素花，祝军，戴洪义 . 苹果酰基辅酶 A 结合蛋白 2 编码基因 *MdACBP2* 的克隆和表达分析 . 园艺学报，2012，39(10)：1 893–1 902.

李关荣，艾义，谭燕，等 . 决明异分支酸分成酶基因的克隆及表达分析 . 西南大学学报（自然科学版），2014，36（9）：1–8.

DEMPSEY D A，VLOT A C，WILDERMUTH M C，et al. Salicylic acid biosynthesis and metabolism. *Arabidopsis* Book，2011，9：1–24.

LIVAK K J，SCHMITTGEN T D. Analysis of relative gene expression data using real-time quantitative PCR and the $2^{-\Delta\Delta CT}$ method. Methods，2001，25（4）：402–408.

LEFEVERE H，BAUTERS L，GHEYSEN G. Salicylic acid biosynthesis in plants. Front. Plant Sci，2020，11：338.

PENG Y，YANG J，LI X，et al. Salicylic acid: biosynthesis and signaling. Annu Rev Plant Biol，2021，72：761–791.

WU Z L，HE L，JIN Y，et al. HISTONE DEACETYLASE 6 suppresses salicylic acid biosynthesis to repress autoimmunity. Plant Physiol，2021，187（4）：2592–2607.

（柏素花）

第四篇

特色农业实验

案例 7　实用果蔬储藏方法

【研究背景】

我国每年果蔬的种植量与销售量较大，但果蔬产区分布不平衡，由于地区差异和贮运保鲜技术不过关，南方果蔬销售到北方市场，不仅品质变差，价格昂贵，而且损失严重，一些极具地方特色的果蔬难以销往国内其他市场。随着现代科学技术的快速发展，传统的机械制冷贮藏保鲜技术、气调贮藏保鲜技术、窖藏保鲜技术以及保鲜剂涂膜保鲜技术等，逐渐无法满足当前的果蔬贮藏保鲜需求，需要积极研究各类果蔬贮藏保鲜技术，达到农产品减损、保值、增值，实现农产品增产、农民增收的目的。采后呼吸作用为果蔬采后生命的主导过程，因此保持果蔬采后尽可能低的且维持正常的呼吸过程，是果蔬储藏的基本原则和要求。

【问题提出】

1. 农民采摘果蔬后缺乏及时储藏保鲜技术和冷链处理，造成果蔬品质下降，浪费严重。

2. 人们对果蔬的消费由数量消费变为质量消费，反季节消费大幅增长，对新、奇、特、优品种消费扩大。

3. 如何在传统的果蔬储藏方法的基础上，借助先进的科学技术提升果蔬储藏质量？

【研究思路】

以新鲜果蔬为试材，比较当前果蔬采后储藏的方法。为保持果蔬的色、香、味、新鲜状态和营养价值，抑制呼吸作用通常需要适宜湿度的低温和低氧环境，并且对于跃变型果蔬储藏应采取推迟或抑制呼吸跃变等措施。在机械制冷储藏保鲜技术、气调储藏保鲜技术、传统窖藏保鲜技术以及保鲜剂、涂膜保鲜技术等的基础上，采用紫外线照射技术、热处理技术、减压储藏、加压储藏、保鲜剂涂膜保鲜等果蔬保鲜技术，筛选出安全、节能、高效的果蔬储藏方法。

【技术路线】

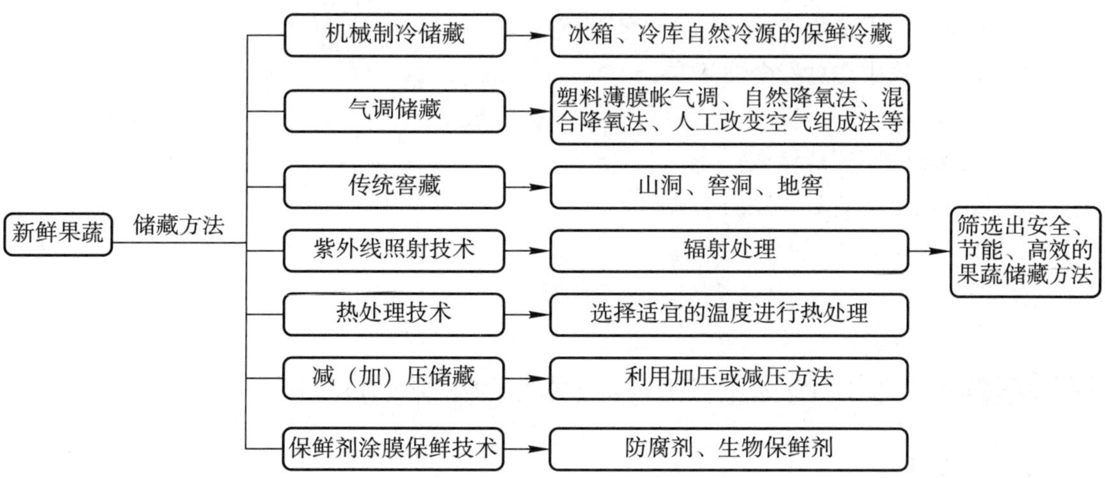

【试验材料】

新鲜果蔬类。

【研究方法】

1. 机械制冷储藏

在有良好隔热性能的库房中借助机械冷凝系统的作用降低温度，进行果蔬的储藏。

2. 气调储藏

通常是降低氧含量至2%～5%，控制 CO_2 的含量在0%～5%。通过对储藏环境中温度、O_2、CO_2 和乙烯浓度等条件的控制实现抑制果蔬的呼吸作用，保持果蔬产品的新鲜度、延长贮藏期和销售的货架期。

3. 传统窖藏

利用山洞、窖洞、地窖等场所储藏果蔬。

4. 紫外线照射技术

用适量的波长小于 280 nm 的紫外线照射果蔬，可以杀虫灭菌、调节成熟度、保持园艺产品鲜度和不改变加工性状。

5. 热处理技术

采用适宜的温度（30～50℃）对果蔬进行一定时间处理，从而控制果蔬后期成熟，进而抑制病菌的活动过程或杀灭病菌。

6. 减压储藏

减压储藏技术能够显著提升果蔬保鲜效果，优于单纯冷藏或气调技术。特别是针对易于腐烂的水果，其储藏效果更加理想。

7. 加压储藏

蔬菜加压杀菌后，能够延长保鲜时间，进而在接近于生鲜的状态下长时间保存。

8. 保鲜剂涂膜保鲜技术

利用防腐剂、生物保鲜剂等处理果蔬。

注意事项：

（1）根据不同果蔬的特性选择合适的储藏方法。

（2）果蔬储藏中注意安全性问题。

【思考题】

1. 果蔬储藏的原理是什么？

2. 比较不同果蔬储藏方法的优缺点。

（柏素花）

案例 8 利用植物组织培养技术培育植物组培苗

【研究背景】

植物组织培养作为生物工程的一项重要技术，具有培养条件可人为控制，便于研究植物体的发育规律，生长周期短、繁殖系数高，有利于工厂化生产等优点，在基础理论研究和生产实践中发挥重要作用，有力地推动了生物科学中植物生理学、生物化学、遗传学、细胞学、形态学等学科的发展和相互渗透，促进了营养生理、细胞生理和代谢、生物合成、基因转移、基因重组的研究。通常一年内1块植物组织可繁殖出上万株幼苗，在20 m^2的培养室中可培育出30多万株试管苗。植物组织培养可实现工厂化生产，这一技术在农业上的应用被称为是农业上的一次“革命”，对反季节生产有着特殊作用。

【问题提出】

如何利用植物组织培养技术对花卉和果树等外植体进行离体繁殖，在短期内获得遗传上一致的大量再生植株？

【研究思路】

利用组织培养技术，取叶片、茎尖或腋芽等作为外植体，在适宜的培养基中，通过接种、培养、生根、移栽等流程，获得组培苗。

【技术路线】

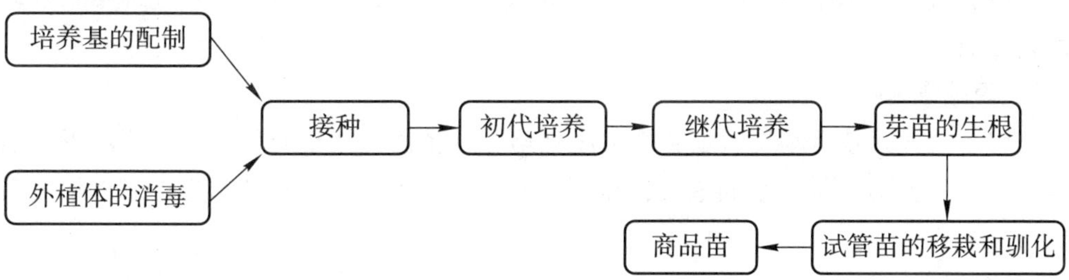

【试验材料】

花卉和果树等的组织或器官。

【研究方法】

1. 选取外植体

选择外植体进行消毒，对外植体进行初代培养。

2. 繁殖体的增殖

通过扩繁、继代培养，对培养材料进行增殖。继代周期一般为4～8周一次。

3. 芽苗的生根

生根培养基中，大量元素减半，生长素的浓度增加，细胞分裂素去除或浓度降低，添加活性炭，以促进生根。

4. 试管苗的移栽和驯化

试管苗炼苗：不开盖自然光照射2～3 d，开盖自然光照射1～2 d，逐渐降低空气湿度。清洗移栽：炼苗后，将试管苗移出，清洗掉根部的培养基，移栽在装有湿润透气基质的苗盘或苗钵内，于温室内培养，盖塑料薄膜遮阴、保湿（相对湿度90%）。驯化管理：控制湿度由高到低逐步降低，温度18～20℃，获得商品苗。

【思考题】

1. 组培育苗过程中为什么要炼苗？

2. 组培苗移栽驯化中常用的基质有哪些？各有什么特点？

（柏素花）

案例 9　马铃薯茎尖脱毒培养

【研究背景】

马铃薯是广泛种植的经济作物，但由于是无性繁殖，易在连续种植过程中感染多种病毒，引起品种退化、产量减少、品质降低。因此，需要培育出适应市场需要的脱毒种薯，扩大播种面积，提高单产和质量，促进马铃薯产业的发展。

【问题提出】

影响马铃薯生产的重要因素是马铃薯病毒引起的种薯退化问题，如何采取一定的技术措施清除薯块中的病毒，获得无病毒种薯或极少病毒侵染的种薯是马铃薯生产中的重要问题。植物组织培养脱毒技术是目前应用最广泛的植物脱毒方法，茎尖培养与热处理相结合能获得较好的脱毒效果。

【研究思路】

首先用不同方式获得马铃薯新芽作为脱毒培养外植体，然后对外植体进行消毒，消毒完成后在解剖镜下剥离一定大小的茎尖，在培养基中再生出幼苗，对幼苗进行病毒检测后进行扩繁。

【技术路线】

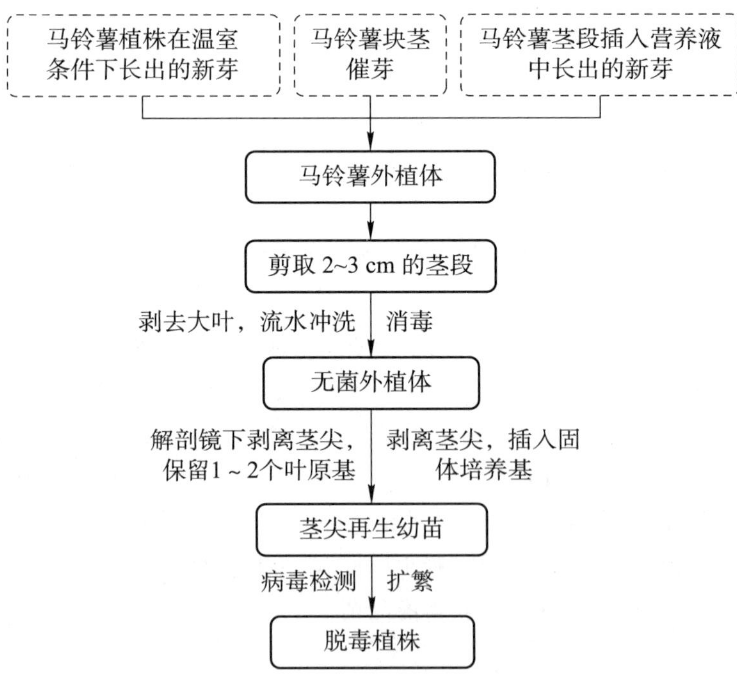

【试验材料】

待脱毒的马铃薯。

【研究方法】

1. 可以通过 3 种方式获得马铃薯新芽，并对新芽进行消毒。
2. 对消毒外植体在解剖镜下剥离 0.1 ~ 0.5 mm 的带 1 ~ 2 个叶原基的茎尖。
3. 选择合适的茎尖分生组织培养基。
4. 用直接测定法、血清学方法和电镜法对再生的幼苗进行病毒鉴定，鉴定后进行扩繁。

【思考题】

1. 茎尖取材大小与培养效果和成活率有什么关系？
2. 整个脱毒培养过程中能否得到脱毒苗的关键在哪里？

（杨德翠）

案例 10　生菜的无土栽培技术

【研究背景】

无土栽培是指不用天然土壤而用基质或仅育苗时用基质，在定植以后用营养液进行灌溉的栽培方法。由于无土栽培不受土地条件限制，病虫害明显减少，便于工厂化生产，栽培用的基本材料又可以循环利用，因此具有省水、省肥、省工、高产优质等特点，越来越受到人们的重视。

【问题提出】

国外一些国家的蔬菜无土栽培已经进入工厂化生产阶段，在国内无土栽培也发展为一些乡村振兴和生态旅游的特色项目。生菜的消费量很大，大多是用于生食，要求干净卫生。无土栽培不但产量高、无病虫害，而且环境卫生、清洁，因此进行生菜的无土栽培具有既可食又可观赏的特点。

【研究思路】

通过合适方式催芽获得生菜幼苗，将一定大小的幼苗定植于定植孔上，通过培养液管理系统进行水位管理和营养液管理，最终获得无土栽培的生菜。

【技术路线】

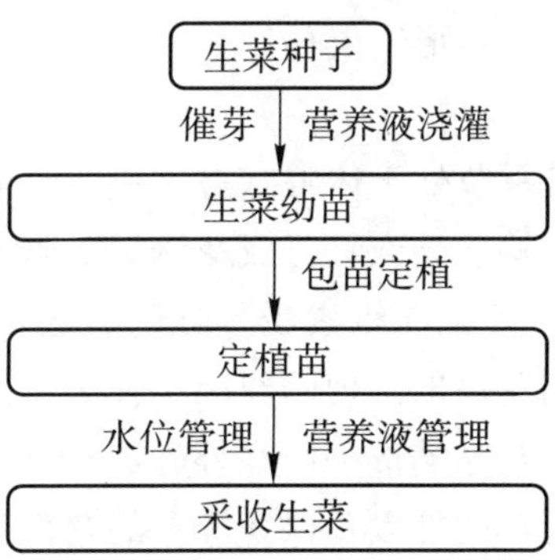

【试验材料】

选用散叶或结球生菜种子。

【研究方法】

1. 催芽和育苗

浸泡生菜种子进行催芽，并选择合适的温度和培养液进行小苗培育。

2. 定植

在生菜具 5 ~ 6 片真叶时定植，注意不要伤及根系。

3. 营养液和水位管理

选择合适的营养液配方，水位的高低随生长时期而不同，注意根系通气状况，关注营养液成分变化及生菜生长状态的变化。

【思考题】

1. 无土栽培具备哪些优点？

2. 无土栽培中营养液为什么一般不能太深？

（杨德翠）

案例 11 利用赤霉素和维生素 C 调控牡丹成花

【研究背景】

牡丹（*Paeonia Suffruticosa* Andr.）是毛茛科、芍药属植物，为多年生落叶灌木。牡丹花以“色、香、形”等深受喜爱，素有“花中之王”的美誉，具有很高的观赏价值以及商品化和产业化价值。牡丹生长发育受温度影响较大，开花适温为 17 ~ 20℃，必须经过 1 ~ 10℃的低温处理 2 ~ 3 个月才可正常开花；最低能耐受 -30℃的低温；也不耐受夏季烈日暴晒，25℃以上时植株呈休眠状态，且具有深休眠的特点。故在自然条件下，牡丹花期短且相对集中，严重阻碍了相关产业的发展。因而研究牡丹花芽形成调控技术，具有重要的意义。

【问题提出】

1. 牡丹成花诱导的因素有哪些？

2. 牡丹花芽休眠的原因是什么？

3. 如何调控牡丹周年成花？

4. 如何促使牡丹催花成花后“色形”俱佳？

【研究思路】

自然条件下，牡丹在不适宜季节处于休眠状态，成花时需要低温诱导，但冬季时有可能由于天气原因低温时间或温度不够，导致牡丹成花诱导受阻。牡丹成花因素分析表明，赤霉素可以诱导牡丹成花，因而可以外施赤霉素诱导牡丹打破休眠而成花。但外施赤霉素处理后，牡丹花形可能出现畸形，而花畸形出现的原因是什么？内在原因发现可能是活性氧大量产生造成花生长不良，怎么改善花形畸形呢？在外施赤霉素处理时添加维生素 C（Vc）清除活性氧，最终实现牡丹成花的周年调控以及保证漂亮的花色和花形。

【技术路线】

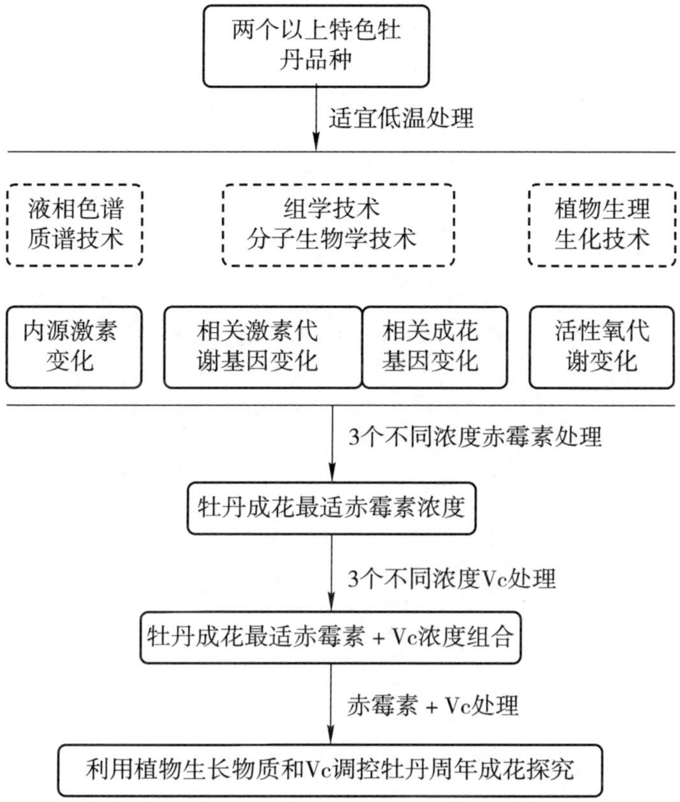

【试验材料】

栽培种牡丹（如胡红、鲁菏红、洛阳红等）。

【研究方法】

选取生长良好、状态一致的栽培牡丹品种若干，进行如下实验。

1. 盆栽实验（人为低温）或小区实验（自然低温）条件下，研究牡丹花芽休眠低温解除中内源激素（含量、基因）变化，并进行相关组学分析。

2. 盆栽和小区实验条件下，外施不同浓度赤霉素喷施处理，通过后期牡丹生长发育状况，探索最适赤霉素浓度。

3. 盆栽和小区实验条件下，采用最适浓度赤霉素处理时，添加不同浓度的 Vc 共同处理牡丹，通过后期牡丹生长发育状况，探索赤霉素和 Vc 的最优组合。

4. 在牡丹大田生产中外施赤霉素和 Vc 的最优组合，探索效果，以推广应用。

【思考题】

1. 牡丹成花除低温和赤霉素诱导之外，还有其他因素影响吗？

2. 牡丹春节催花技术成功的植物生理学原理是什么？

（赵方贵）

第五篇

育人教学案例

科技创新类案例
乡村振兴类案例
科学家故事案例

附　录

一、植物组织培养常用培养基成分组成

培养基成分	培养基类型									
	MS	NN69	WPM	B_5	N_6	VW	Miller	DKW	SH	Hough
四水硝酸钙			556				347	1 968		1 181
硝酸钾	1 900	950		2 500	2 830	525	1 000		2 500	
硝酸铵	1 650	720	400				1 000	1 416		
硫酸钾			900					1 559		
硫酸铵				134	463	500				132.1
七水硫酸镁	370	185	370	250	185	250	35	740	400	493
四水硫酸锰	22.3	25	22.5	10	4.4	7.5	4.4	33.5	10.0	0.769
七水硫酸锌	8.6	10	8.6	2	1.5		1.5		1.0	0.449
六水硝酸锌								17		
五水硫酸铜	0.025	0.08	0.25	0.025				0.25	0.2	0.039
七水硫酸铁	27.5	27.8	27.3	27.8	27.8			33.8	15.0	2.49
磷酸二氢钾	170	68	170		400	250	300	265		136.1
一水磷酸二氢钠				150						
磷酸钙					200					
硫酸钙										348.6
磷酸二氢铵									300	
二水氯化钙	400	166	96	150	166			149	200	
六水氯化钴	0.025			0.025					0.1	
氯化钾							65			
六水硫酸镍								0.39		
六水氯化钠										58.5
碘化钾	0.83			0.75	0.8		0.8		1.0	

续表

培养基成分	培养基类型									
	MS	NN69	WPM	B_5	N_6	VW	Miller	DKW	SH	Hough
硼酸	6.2	3	6.2	3	1.6		1.6	4.8	5.0	0.571
二水锰酸钠	0.25	0.25	0.25	0.25				0.39	0.1	0.015
Na_2-EDTA	37.3	37.3	37.3	37.3	37.3			45.4	20.0	3.33
Fe-Na-EDTA							32			
酒石酸铁						28				
盐酸硫胺素（VB_1）	0.1	0.5	1.0	10	1		0.1		5.0	
盐酸吡哆醛（VB_6）	0.5	0.5	0.5	1	0.5		0.1	2.0	0.5	
烟酸（VB_5）	0.5	0.5	0.5	1	0.5		0.5		5.0	
生物素（VH）		0.05								
甘氨酸	2.0	2.0	2.0		2.0		2.0	2.0		
叶酸		0.5								
肌醇	100	100	100	100				100	1 000	

注：表中数据单位为 mg/L。

二、常用激素及生长调节物质

激素或生长调节物质	溶剂	储存条件
2,4- 二氯苯氧乙酸（2,4-D）	氢氧化钠	常温；3 个月
2- 异戊烯腺嘌呤（2-iP）	氢氧化钠或盐酸	0℃
6- 苄基腺嘌呤（6-BA）	氢氧化钠或盐酸	常温；2 个月
矮壮素（CCC）	水	常温
赤霉素（GA）	乙醇	0℃；现用现配
激动素（KT 或 KIN）	氢氧化钠或盐酸	0℃；2 个月
茉莉酸（JA）	乙醇	常温
萘乙酸（NAA）	氢氧化钠	0 ~ 5℃；1 周
脱落酸（ABA）	氢氧化钠	0 ~ 4℃；尽量现用现配
维生素 A、D_3、B_{12}	乙醇	0℃
腺嘌呤	水	0 ~ 5℃
吲哚丁酸（IBA）	氢氧化钠或乙醇	0℃；1 周
吲哚乙酸（IAA）	氢氧化钠或乙醇	0℃；1 周
油菜素内酯（BR）	乙醇	0 ~ 5℃
玉米素（ZT 或 ZEA）	氢氧化钠	0℃

三、常用缓冲液的配制

1. 甘氨酸－盐酸缓冲液（0.05 mol/L）

X mL 0.2 mol/L 甘氨酸 + Y mL 0.2 mol/L 盐酸，再加蒸馏水稀释至 200 mL。

甘氨酸分子量 = 75.07；0.2 mol/L 甘氨酸溶液含甘氨酸 15.01 g/L。

pH	2.2	2.4	2.6	2.8	3.0	3.2	3.4	3.6
X/mL	50	50	50	50	50	50	50	50
Y/mL	44.0	32.4	24.2	16.8	11.4	8.2	6.4	5.0

2. 甘氨酸－氢氧化钠缓冲液（0.05 mol/L）

X mL 0.2 mol/L 甘氨酸 + Y mL 0.2 mol/L 氢氧化钠，再加蒸馏水稀释至 200 mL。

pH	8.6	8.8	9.0	9.2	9.4	9.6	9.8	10.0	10.4	10.6
X/mL	50	50	50	50	50	50	50	50	50	50
Y/mL	4.0	6.0	8.8	12.0	16.8	22.4	27.2	32.0	38.6	45.5

3. 邻苯二甲酸－盐酸缓冲液（0.05 mol/L）

X mL 0.2 mol/L 邻苯二甲酸氢钾 + Y mL 0.2 mol/L 盐酸，再加蒸馏水稀释至 200 mL。

邻苯二甲酸氢钾分子量 = 204.23；0.2 mol/L 邻苯二甲酸氢钾溶液含邻苯二甲酸氢钾 40.85 g/L。

pH	2.2	2.4	2.6	2.8	3.0	3.2	3.4	3.6	3.8
X/mL	5	5	5	5	5	5	5	5	5
Y/mL	4.670	3.960	3.295	2.642	2.032	1.470	0.990	0.597	0.263

4. 磷酸氢二钠－柠檬酸缓冲液

X mL 0.2 mol/L 磷酸氢二钠 + Y mL 0.1 mol/L 柠檬酸。

Na_2HPO_4 分子量 = 141.98；0.2 mol/L 溶液含磷酸氢二钠 28.40 g/L。

$Na_2HPO_4 \cdot 2H_2O$ 分子量 = 178.05；0.2 mol/L 溶液含磷酸氢二钠 35.61 g/L。

$C_6H_8O_7 \cdot H_2O$ 分子量 = 210.14；0.1 mol/L 溶液含柠檬酸 21.01 g/L。

pH	2.2	2.4	2.6	2.8	3.0	3.2	3.4	3.6
X/mL	0.40	1.24	2.18	3.17	15.89	4.94	5.70	6.44
Y/mL	19.6	18.76	17.82	16.83	4.11	15.06	14.30	13.56
pH	3.8	4.0	4.2	4.4	4.6	4.8	5.0	5.2
X/mL	7.10	7.71	8.28	8.82	9.35	9.86	10.30	10.72
Y/mL	12.90	12.29	11.72	11.18	10.65	10.14	9.70	9.28

续表

pH	5.4	5.6	5.8	6.0	6.2	6.4	6.6	6.8
X/mL	11.15	11.60	12.09	12.63	13.22	13.85	14.55	15.45
Y/mL	8.85	8.40	7.91	7.37	6.78	6.15	5.45	4.55
pH	7.0	7.2	7.4	7.6	7.8	8.0		
X/mL	16.47	17.39	18.17	18.73	19.15	19.45		
Y/mL	3.53	2.61	1.83	1.27	0.85	0.55		

5. 柠檬酸－柠檬酸钠缓冲液（0.1 mol/L）

X mL 0.1 mol/L 柠檬酸 + *Y* mL 0.1 mol/L 柠檬酸钠。

柠檬酸 $C_6H_8O_7 \cdot H_2O$ 分子量 = 210.14；0.1 mol/L 溶液含柠檬酸 21.01 g/L。

柠檬酸钠 $Na_3C_6H_5O_7 \cdot 2H_2O$ 分子量 = 294.12；0.1 mol/L 溶液含柠檬酸钠 29.41 g/L。

pH	3.0	3.2	3.4	3.6	3.8	4.0	4.2	4.4	4.6
X/mL	18.6	17.2	16.0	14.9	14.0	13.1	12.3	11.4	10.3
Y/mL	1.4	2.8	4.0	5.1	6.0	6.9	7.7	8.6	9.7
pH	4.8	5.0	5.2	5.4	5.6	5.8	6.0	6.2	6.4
X/mL	9.2	8.2	7.3	6.4	5.5	4.7	3.8	2.8	2.0
Y/mL	10.8	11.8	12.7	13.6	14.5	15.3	16.2	17.2	18.0

6. 乙酸－乙酸钠缓冲液（0.2 mol/L）

X mL 0.2 mol/L 乙酸钠 + *Y* mL 0.2 mol/L 乙酸。

乙酸钠分子量 = 136.09；0.2 mol/L 溶液含乙酸钠 27.22 g/L。

pH	3.6	3.8	4.0	4.2	4.4	4.6	4.8	5.0	5.2	5.4	5.6	5.8
X/mL	0.75	1.20	1.80	2.65	3.70	4.90	5.90	7.00	7.90	8.60	9.10	9.40
Y/mL	9.25	8.80	8.20	7.35	6.30	5.10	4.10	3.00	2.10	1.40	0.90	0.60

7. 磷酸盐缓冲液

（1）磷酸氢二钠－磷酸二氢钠缓冲液（0.2 mol/L）

X mL 0.2 mol/L 磷酸氢二钠 + *Y* mL 0.2 mol/L 磷酸二氢钠。

$Na_2HPO_4 \cdot 2H_2O$ 分子量 = 178.05；0.2 mol/L 溶液含二水磷酸氢二钠 35.61 g/L。

$Na_2HPO_4 \cdot 12H_2O$ 分子量 = 358.22；0.2 mol/L 溶液含十二水磷酸氢二钠 71.64 g/L。

$NaH_2PO_4 \cdot H_2O$ 分子量 = 138.01；0.2 mol/L 溶液含一水磷酸二氢钠 27.60 g/L。

$NaH_2PO_4 \cdot 2H_2O$ 分子量 = 156.03；0.2 mol/L 溶液含二水磷酸二氢钠 31.21 g/L。

pH	5.8	5.9	6.0	6.1	6.2	6.3	6.4	6.5	6.6	6.7	6.8	6.9
X/mL	8.0	10.0	12.3	15.0	18.5	22.5	26.5	31.5	37.5	43.5	49.5	55.0
Y/mL	92.0	90.0	87.7	85.0	81.5	77.5	73.5	68.5	62.5	56.5	51.0	45.0

续表

pH	7.0	7.1	7.2	7.3	7.4	7.5	7.6	7.7	7.8	7.9	8.0
X/mL	61.0	67.0	72.0	77.0	81.0	84.0	87.0	89.5	91.5	93.0	94.7
Y/mL	39.0	33.0	28.0	23.0	19.0	16.0	13.0	10.5	8.5	7.0	5.3

（2）磷酸氢二钠－磷酸二氢钾缓冲液（1/15 mol/L）

X mL 1/15 mol/L 磷酸氢二钠＋*Y* mL 1/15 mol/L 磷酸二氢钾。

磷酸氢二钠分子量＝136.09；1/15 mol/L 溶液含磷酸氢二钠 9.07 g/L。

pH	4.92	5.29	5.91	6.24	6.47	6.64	6.81	6.98
X/mL	0.10	0.50	1.00	2.00	3.00	4.00	5.00	6.00
Y/mL	9.90	9.50	9.00	8.00	7.00	6.00	5.00	4.00
pH	7.17	7.38	7.73	8.04	8.34	8.67	9.18	
X/mL	7.00	8.00	9.00	9.50	9.75	9.90	10.00	
Y/mL	3.00	2.00	1.00	0.50	0.25	0.10	0	

8. 磷酸二氢钾－氢氧化钠缓冲液（0.05 mol/L）

X mL 0.2 mol/L 磷酸二氢钾＋*Y* mL 0.2 mol/L 氢氧化钠，再加蒸馏水稀释至 20 mL。

pH	5.8	6.0	6.2	6.4	6.6	6.8	7.0	7.2	7.4	7.6	7.8	8.0
X/mL	5	5	5	5	5	5	5	5	5	5	5	5
Y/mL	0.372	0.57	0.86	1.26	1.78	2.365	2.963	3.50	3.95	4.28	4.52	4.68

9. 巴比妥钠－盐酸缓冲液（18℃）

X mL 0.04 mol/L 巴比妥钠＋*Y* mL 0.2 mol/L 盐酸。

巴比妥钠分子量＝206.18；0.04 mol/L 巴比妥钠溶液含量为 8.25 g/L。

pH	6.8	7.0	7.2	7.4	7.6	7.8	8.0	8.2
X/mL	100	100	100	100	100	100	100	100
Y/mL	18.4	17.8	16.7	15.3	13.4	11.47	9.39	7.21
pH	8.4	8.6	8.8	9.0	9.2	9.4	9.6	
X/mL	100	100	100	100	100	100	100	
Y/mL	5.21	3.82	2.52	1.65	1.13	0.70	0.35	

10. Tris－盐酸缓冲液

X mL 0.1 mol/L 三羟甲基氨基甲烷（Tris）溶液于 *Y* mL 0.1 mol/L 盐酸混匀后，加蒸馏水稀释至 100 mL。

Tris 分子量＝121.14；0.1 mol/L 溶液 Tris 含量为 12.11 g/L。

Tris 溶液可以从空气中吸收 CO_2，使用时注意将瓶盖严。

pH	7.1	7.2	7.3	7.4	7.5	7.6	7.7	7.8	7.9
X/mL	50	50	50	50	50	50	50	50	29.2
Y/mL	45.7	44.7	43.4	42.0	40.3	38.5	36.6	34.5	32.0
pH	8.0	8.1	8.2	8.3	8.4	8.5	8.6	8.7	8.8
X/mL	50	50	50	50	50	50	50	50	50
Y/mL		26.2	22.9	19.9	17.2	14.7	12.4	10.3	8.5

11. 硼酸 – 硼砂缓冲液（0.2 mol/L 硼酸根）

X mL 0.05 mol/L 硼砂 + *Y* mL 0.2 mol/L 硼酸。

硼砂分子量 = 381.43；0.05 mol/L 硼砂溶液硼砂含量为 19.07 g/L。

硼酸分子量 = 61.84；0.2 mol/L 硼酸溶液硼酸含量为 12.37 g/L。

硼砂易失去结晶水，必须在带塞的瓶中保存。

pH	7.4	7.6	7.8	8.0	8.2	8.4	8.7	9.0
X/mL	1.0	1.5	2.0	3.0	3.5	4.5	6.0	8.0
Y/mL	9.0	8.5	8.0	7.0	6.5	5.5	4.0	2.0

12. 硼砂 – 氢氧化钠缓冲液（0.05 mol/L 硼酸根）

X mL 0.05 mol/L 硼砂 + *Y* mL 0.2 mol/L 氢氧化钠，再加蒸馏水稀释至 200 mL。

0.05 mol/L 溶液硼砂含量为 19.07 g/L。

pH	9.3	9.4	9.6	9.8	10.0	10.1
X/mL	50	50	50	50	50	50
Y/mL	6.0	11.0	23.0	34.0	43.0	46.0

13. 碳酸钠 – 碳酸氢钠缓冲液（0.1 mol/L）

X mL 0.1 mol/L 碳酸钠 + *Y* mL 0.1 mol/L 碳酸氢钠。

$Na_2CO_3·10H_2O$ 分子量 = 286.2；0.1 mol/L 溶液碳酸钠含量为 28.62 g/L。

碳酸氢钠分子量 = 84.0；0.1 mol/L 溶液碳酸氢钠含量为 8.40 g/L。Ca^{2+} 和 Mg^{2+} 存在时不得使用碳酸氢钠。

pH	20℃	9.16	9.40	9.51	9.78	9.90	10.14	10.28	10.53	10.83
	37℃	8.77	9.12	9.40	9.50	9.72	9.90	10.08	10.28	10.57
X/mL		1	2	3	4	5	6	7	8	9
Y/mL		9	8	7	6	5	4	3	2	1

14. HEPES 缓冲液

配制 200 mmol/L HEPES 溶液，需称取 47.66 g 4–(2– 羟乙基)–1– 哌嗪乙基磺酸，先用 800 mL 蒸馏水溶解，用 1 mol/L NaOH 调节至所需 pH，然后定容至 1 000 mL。

15. MES 缓冲液

配制 100 mmol/L MES 缓冲液，需称取 19.5 g 2-（*N*- 吗啉代）乙磺酸，溶解于约 800 mL 蒸馏水中，用 1 mol/L KOH 调节 pH（适用范围为 pH 5.5 ~ 6.7），定容至 1 000 mL。

四、生物学常用数据库

1. 在线分析工具

序号	工具名称	序号	工具名称
1	序列比对分析	7	蛋白质保守结构域预测
2	启动子分析	8	磷酸化位点分析
3	氨基酸序列分析	9	蛋白质跨膜结构预测
4	蛋白质二级结构预测	10	信号肽预测
5	蛋白质三级结构分析	11	蛋白质亚细胞定位分析
6	氨基酸序列的疏水性 / 亲水性分析		

2. 中英文文献数据库

序号	工具名称	序号	工具名称
1	万方	9	Proceedings of the National Academy of Sciences
2	中国知网	10	Trends in Plant Science
3	SpringerLink	11	Plant Cell
4	Cell	12	Plant Physiology
5	Nature	13	The Plant Journal
6	Science	14	Journal of Integrative Plant Biology
7	Cell Research	15	Molecular Plant
8	Journal of Biological Chemistry		